国家重点研发计划(2019YFE0118500)资助
国家自然科学基金青年科学基金项目(51608520,42302321)资助

基于空气耦合冲击回波的结构内部缺陷无损检测技术研究

刘书奎 著

中国矿业大学出版社
·徐州·

内容提要

本书系统介绍了空气耦合冲击回波在结构内部缺陷无损检测中的理论背景、研究现状，以及相关的工程实例。主要内容包括：绪论，空气耦合冲击回波法理论背景，基于空气耦合冲击回波的灌浆套筒密实性研究，基于空气耦合冲击回波的桥面板缺陷检测，基于空气耦合冲击回波的曲面板内部缺陷检测研究，基于空气耦合冲击回波的衬砌壁后缺陷检测研究。

本书可供从事土木工程结构检测与评估的相关专业技术人员参考使用。

图书在版编目(CIP)数据

基于空气耦合冲击回波的结构内部缺陷无损检测技术研究 / 刘书奎著. — 徐州 ：中国矿业大学出版社，2024. 9. — ISBN 978-7-5646-6461-9

Ⅰ. TU317

中国国家版本馆 CIP 数据核字第 202462PM50 号

书　　名　基于空气耦合冲击回波的结构内部缺陷无损检测技术研究

著　　者　刘书奎

责任编辑　马晓彦

出版发行　中国矿业大学出版社有限责任公司

（江苏省徐州市解放南路　邮编 221008）

营销热线　(0516)83885370　83884103

出版服务　(0516)83995789　83884920

网　　址　http://www.cumtp.com　**E-mail**:cumtpvip@cumtp.com

印　　刷　江苏凤凰数码印务有限公司

开　　本　787 mm×1092 mm　1/16　**印张** 11.25　**字数** 215 千字

版次印次　2024 年 9 月第 1 版　2024 年 9 月第 1 次印刷

定　　价　50.00 元

前　言

21世纪以来，随着社会经济水平的提升和人们对生活质量要求的不断提高，各类土木工程的建设规模和数量得到了迅猛的增长。然而由于设计缺陷、施工质量、荷载作用和结构自身老化等原因，各类工程结构在其全寿命周期中不可避免地产生不同程度的损伤，这些损伤发展到一定程度将威胁结构的使用安全和使用寿命，严重情况下可导致重大事故和巨额经济损失。对结构进行定期检测和维修加固等有利于消除因结构损伤而引起的安全隐患，避免结构突然倒塌等事故的发生。

在无损检测领域，空气耦合冲击回波技术作为一种快速非接触的检测手段，展现了其在工程实践中的广泛应用价值。本书旨在系统探讨空气耦合冲击回波技术在各种实际工况下的应用及研究成果，为相关领域的研究者和工程实践者提供宝贵的参考和借鉴。

本书共分为6章。第1章为绪论，简要回顾了冲击回波法在无损检测中的研究现状，并概述了全书的研究内容；第2章介绍了空气耦合冲击回波法的理论背景，为后续的实例研究奠定基础；第3～6章分别针对灌浆套筒密实性、桥面板缺陷检测、曲面板内部缺陷检测以及衬砌壁后缺陷检测等展开了深入探讨，涵盖了该技术在不同工程场景下的应用与研究成果。

编撰本书的初衷是希望将学术研究与工程实践相结合，为读者提供系统全面的知识体系，促进该领域的学术交流与技术创新。我们衷心希望本书能为广大从事无损检测及相关领域研究的专业人士提供有益的参考和启发。

本书的出版得到了国家重点研发计划(2019YFE0118500)、国家自然科学基金青年基金项目(51608520,42302321)的资助,特此致谢!

中国矿业大学严鹏南、张雍阳、陈飞、马彬、余子博、邓晗、尚月龙、李卫东、王楠等研究生为本著作的成稿提供了大量的支持与帮助,在此表示由衷的感谢。

由于作者时间和水平有限,书中错误和不足在所难免,欢迎有关专家和读者提出宝贵意见。

2024年8月于徐州

目　录

第1章 绪　论

1.1 研究背景与意义

21世纪以来，随着社会经济水平的提升和人们对生活质量要求的不断提高，土木工程的建设规模和数量得到了迅猛的增长。土木工程建设主要包括以下几个方面：① 基础设施建设，如道路、桥梁、隧道、铁路、水坝、码头等；② 建筑工程，如房屋、商业建筑、医院、学校等；③ 环境工程，如污水处理、垃圾处理、空气净化等。

重大土木工程结构如大跨度桥梁、水坝、超高层建筑、海洋平台等，其健康状况直接关系到人民生命财产的安全，土木工程基础设施的正常运行关系到国民经济的正常运行。土木工程结构在长达几十年，甚至上百年的服役过程中，环境侵蚀、材料老化、荷载效应、人为的或自然的突变效应等灾害因素的耦合作用将导致结构产生不可逆的损伤或抗力衰减，从而使得结构抵抗自然灾害、正常荷载以及环境作用的能力下降，甚至引发灾难性的突发事故。一旦结构关键构件的损伤积累到一定程度，如没有被及时发现和处理，损伤将迅速扩展，从而导致整个结构的损坏。

土木工程基础设施中的隐蔽设施（如隧道）更是关系到国家战略安全。由于我国隧道施工单位良莠不齐和普遍具有“重建设，轻维护”的思想，目前我国大量的已建成隧道的运营健康状态堪忧。国内外研究调查表明，相当比例的隧道衬砌结构存在裂损、变形、掉块、渗漏水等不同程度的病害现象，铁路隧道多次发生因隧道衬砌裂损、剥落、掉块而导致列车破损和脱轨等事件。其中最著名的是1999年6月27日日本福冈县境内一座隧道边墙上重达200 kg的混凝土块砸在高速行驶的列车上，西日本旅客铁道株式会社曾为此对山阳新干线和铁路隧道进行了大量的病害检查和病害加固工作[1]。因此，及时监测结构的健康状况，对结构早期损伤进行维修，能够保证结构性能，延长结构寿命。同时，尽早地发现结构损伤，还可大大降低维护费用。

对于土木工程结构中的隐蔽设施，其损伤主要表现为表面裂缝、蜂窝麻面，以及内部裂缝、空隙、分层。对于表面损伤的检测，目前国内外主要的检测手段为人工目视检测并辅以数字图像提取法[2-4]。这些方法作为表面损伤检测的手段，已经得到了广泛的应用，但目测法和数字图像提取法并不能对土木工程结构内部的损伤进行有效的检测。如隧道衬砌作为隧道主要的承重结构与防水结构，其内部损伤对于隧道的安全性与适用性影响巨大，严重的裂缝发展甚至会影响隧道衬砌的整体稳定。由于衬砌内部损伤的隐蔽性，如何快速有效地检测隧道混凝土衬砌内部缺陷成为目前一个亟待解决的工程难题。

传统的以小范围破坏的钻芯检测方法能够有效检测结构内部状况，但效率较低并且无法对结构内部进行全面检测，而无损检测手段的产生改善了这一状况，其检测范围广、检测效率更高，检测过程中并不对构件造成破坏且精确度满足工程要求[5-6]。对于混凝土结构内部损伤的无损检测手段主要有应力波法、探地雷达和光学分析法[7]。目前我国主要的检测方法集中于探地雷达。探地雷达对于混凝土结构厚度和混凝土结构背后空洞检测具有一定的效果。然而该方法还存在许多不足之处，不能精确地测量混凝土脱空区域的深度。在检测混凝土厚度时，由于混凝土和围岩的电磁波传播速度相差不大，判断出它们直接的界面反射波会出现分辨能力较低的问题[8-9]。此外，金属材料对电磁波有屏蔽作用，当结构内部钢筋网较密集时，反射雷达信号强度会急剧下降[10]。冲击回波法能够有效检测混凝土结构内部缺陷及背后注浆空洞[11-12]。

1.2 接触式冲击回波法在无损检测中的研究现状

1.2.1 国外研究现状

20 世纪 80 年代，Sansalone 等首次提出冲击回波法在板状结构检测中的应用后，又进一步研究了在圆筒状结构中横截面的弹性冲击响应，从而进一步解释了不同峰值频率所代表的意义，阐述了不同缺陷深度与峰值频率的响应关系[13]。在20世纪90年代晚期，美国国家标准与技术研究院（NIST）和Cornell大学合作制定了一个应用冲击回波法的基本实验标准。美国材料试验协会（ASTM）使用该标准并颁布了冲击回波法检测板厚及传播速度的系列检测规程[14-15]。

2000年，Hill等[16]通过浇筑不同灌浆程度的预应力梁并结合平面应变有单元模型分析发现，如用传统的使用于板式结构的冲击回波法检测梁式构件时，其频谱变得十分复杂并且难以解释，而这种复杂的情形是由梁的横截面振动模态引起的。

冲击回波法在板状结构无损检测中得到了成功运用。但仍有诸多问题无法解释，例如用于获得厚度频率的经验修正系数β就无法用科学的物理基础解释。直到2005年，来自美国Illinois大学的Gibson和Popovics[17]教授基于导波理论提出了冲击回波共振响应是同零群速频率中的S1模态相一致的理论。他们在试验的基础上建立了大量的有限元模型来模拟混凝土平板的动力学响应，验证了冲击回波模态是与兰姆模态相匹配的，并最终论证了β是基于材料的泊松比而得出的系数。

2007年，Medina[18]从信号处理的角度完善了冲击回波法在实际运用中的精确度。通常试件表面传感器接收的信号成分十分复杂，信号分析时在交界面来回反射的纵波信号非常容易受到由反射产生的波的干扰，有时甚至会被边界反射回的瑞利波干扰。Medina通过Ansys有限元模型建立与敲击点距离不同的测点，将测点信号施加Blackman-Harris窗函数并引入新的多截面频谱密度函数，成功地减小了瑞利波对纵波信号的干扰，从而使频谱信息更能反映出纵波的峰值频率。

到2010年，绝大部分的冲击回波法研究假设前提都是基于泊松比为0.2的混凝土，因此绝大多数由形状因素决定的共振频率的截面模态只能应用在泊松比接近0.2的材料中。由此Wang等[19]在模态分析的基础上推导出适用于泊松比为0.1～0.45的圆棒的各种形状因素的谐振频率和相对频率系数的计算公式，并将新公式运用到6种不同材料（普通混凝土、轻质混凝土、钢、石膏、铝和单体浇铸尼龙）的圆棒中，最终得到了令人满意的一致性结果。

2012年，Gucunski等[20]基于冲击回波法能够检测出桥面板内部缺陷的特性提出了一种新的三维可视化方法，来更直观地体现桥面板内部的损伤情况。

2015 年，OH 等[21]研究了宽厚比 a/h 对于冲击回波模态的影响，并得出结论：当 a/h 大于 2 时，弯曲模态占主导地位；当 a/h 小于 2 时，厚度模态更为明显。同时他也发现：当敲击点和检测点在分层缺陷上部时，弯曲模态占主要成分；当敲击位置和检测点在实体部位之上时，厚度模态更为明显。

2016 年，Kashif 等[22]总结并比较了应力波、探地雷达、红外感应这几种主流混凝土结构无损检测的方法，同时提出了基于损伤等级的流程图以及潜在的损伤补救措施。

2017 年，Mazzeo 等[23]为了进一步提高检测效率，基于单点敲击测试的冲击回波法提出了多通道冲击回波法桥面板检测技术。该方法由七通道冲击回波扫描系统组成并由计算机控制，整个系统用车辆进行拖拽，冲击信号的处理在现场同步完成，数据采集后能够立即生成桥面板的分层图像。

冲击回波法这项技术在混凝土结构无损检测领域日渐成熟，然而绝大多数检测都是针对平面板状结构的，对于隧道或地铁水工隧道衬砌的无损检测研究直到 2004 年才由韩国的 An 等[24]提出，2008 年 Aggelis 等[25]研究了冲击回波检测隧道衬砌注浆质量，通过快速傅里叶变换（FFT）及小波变换对位于日本中部地区的某隧道进行现场实测，并得到隧道衬砌后部注浆完整部分和不完全注浆部分的频谱区别，但是他们的研究并没对引入曲率等因素会对冲击回波频谱造成的影响进行科学解释，这使得冲击回波法在隧道衬砌无损检测领域仍然难以得到广泛的应用。

1.2.2 国内研究现状

我国针对冲击回波法检测混凝土结构内部缺陷的研究起步相比国外较晚，1998 年，周履[26]首次根据国外冲击回波法测试经验，对 7 根悬臂梁预应力孔道的灌浆质量进行了现场实测，并发现未完全灌浆的孔道得到的信号频率峰值比完全灌浆孔道多一个 26.5 kHz 的波峰。

2003 年，苏航等[27]详细介绍了冲击回波法的检测原理，提出了冲击响应数值模拟算法、冲击回波响应的传递函数以及冲击回波的时频分析方法，并针对冲击回波研究存在的问题给出了今后冲击回波的研究方向。傅翔等[28]根据自行研发的 IES-A 冲击反射测试系统进行孔道灌浆的试验研究，通过实验室预制充分灌浆和未完全灌浆的试验试件，发现充分灌浆的厚度频率为 1.91 kHz，而在未完全灌浆部分的检测信号有一个 8.79 kHz 的次峰值，并基于此结果对实际某大桥索塔中的预应力横梁进行了现场实测，得到了与试验相一致的结果。

2005 年，艾春安等[29]针对兰姆波频率方程求解问题，提出了以兰姆波相速度为自变量，用函数间断点划分求解区间的数值计算求解方法；通过 MATLAB 软件对算法进行编程实现，绘制出了兰姆波在铝板和钢板中传播时的频散曲线，取得了理想的结果。

2006 年，黄建新[30]结合 P 波波速测试技术以及冲击回波方法总结出精确测量混凝土结构厚度的二步法，并根据灌浆孔道的施工特点，研究设计了一套测试后张金属灌浆孔道内部空洞的工作方案。曲华等[31]首次研究了由冲击产生的瑞利波频谱分析的原理，并根据试验以及现场大坝实测数据分析得到了瑞利波频谱分析检测层状混凝土结构的优越性。

2007 年，陈祥森[32]介绍并总结了当时国内几种新兴的无损检测手段，主要包括超声波法、冲击-回波法、声发射法、红外线法、探地雷达法等，并逐一阐述了各方法的优缺点。

2009 年，姚华等[33]采用美国 Olson 公司的 IES 扫描式冲击回波测试系统，在试验预制混凝土板中检测了铁质波纹管和塑料波纹管的预应力孔道灌浆质量，成功地将该系统运用到了实际预应力管道灌浆检测中，极大地提高了检测效率。同年，杨永波[34]研究了板型结构中导波检测理论，通过 MATLAB 数值模拟、理论分析以及现场实测相结合的方法，深入研究了冲击回波可能存在的问题，分析了混凝土-土剪切模量比、混凝土-土密度比对频散曲线的影响，并分析了不同泊松比、不同板厚、不同土性约束条件下的频散关系，对冲击回波法的应用起到了一定的指导作用。

2012 年，刘恩才等[35]阐述了冲击回波法在混凝土路面质量检测中的应用，并与钻芯取样测试结果对比，证实了该方法的可行性。喻波等[36]对混凝土桥梁内部金属波纹管的注浆质量检测进行了研究。张仪[37]基于 LabVIEW 软件进行了混凝土无损检测系统的研究。

2013 年，杨智等[38]将冲击回波法运用到混凝土构件缺陷检测中。刘可等[39]利用大型有限元软件 MSC 对管片-注浆-土体模型中的瞬态冲击过程进行了模拟，并分别得到了完全注浆、部分注浆和未注浆的时程曲线，通过 FFT 得到冲击响应的频谱特征。刘洋希[40]利用动力有限元软件 LS-DYNA 对常见几种预应力箱梁顶底板及腹板管道压浆典型工况进行了研究。刘思洋[41]用 ABAQUS 有限元软件推导了钢管混凝土纵向扭转模态和弯曲导波的频散方程。

2014 年，邹士军等[42]对京杭运河台儿庄复线船闸工程应用冲击回波法检测了主要裂缝，并根据工程实际采用水溶性聚氨酯灌浆封堵混凝土裂缝。孔楠楠等[43]基于冲击回波理论研究了混凝土裂缝深度检测。陈芳平[44]基于以往无损检测技术的方法和原理提出了一套较为完整的无损检测评价体系。陈常明[45]针对几种大跨度连续刚构桥典型病害提出了检测评定以及常规的加固处理方式。

2015 年，熊尽柯等[46]通过室内试验及实际工程验证了冲击回波法能够准确测出预制混凝土箱梁板厚度，并且冲击回波在边界和缺陷之间反射谱与预制箱梁内部缺陷有很好的相关性。朱绍华[47]利用冲击回波法检测了大跨度桥面板铺装使用过程中的脱空、开裂等病害情况。刘传雄等[48]针对几种主流的土木工程中用到的无损检测方法进行了原理的简要介绍并对比了几种方法的优缺点。

2016 年，焦严令等[49]运用 ABAQUS 对不同尺寸空洞的混凝土模型瞬态冲击响应进行了数值模拟研究。姜维[50]基于扫描式冲击回波法对混凝土板厚度以及缺陷进行了数值模拟和试验研究。

2017 年，我国住房和城乡建设部正式颁布了《冲击回波法检测混凝土缺陷技术规程》(JGJ/T 411—2017)[51]，这是我国第一部关于冲击回波法的技术规程，也标志着冲击回波法在我国得到了广泛的应用。

2018 年，黎碧波等[52]用 ABAQUS 软件和试验相结合的方式对预应力孔道灌浆密实度进行了研究。徐磊等[53]通过现场工程实测给出了桥面板冲击回波检测的选取原则。陈伟等[54]在同年给出了基于冲击回波法对预应力管道进行定位的应用。张和[55]通过 ABAQUS 软件模拟仿真了不同缺陷深度下冲击回波的响应特性，为工程实际测试提供了一定的指导。

然而应力波法都是通过粘贴在混凝土表面的传感器来接收信号的，通过耦合剂与混凝土表面的黏合将传感器固定，这就极大地限制了检测效率。

基于空气耦合的冲击回波法检测平面板状混凝土结构内部缺陷已经在国外得到初步发展[56]，并成功应用于桥面板的无损检测，而国内目前针对该方面的研究较少。该方法以空气为应力波耦合介质，无须使传感器与混凝土表面直接接触，从而极大地提高冲击回波的检测效率与实际使用价值。

1.3 空气耦合冲击回波法在无损检测中的研究现状

由于传统的冲击回波法在检测时，需要对待测试件的表面进行预处理，使用耦合剂将传感器耦合在试件表面来采集信号，因此检测的步骤较为烦琐。基于此，美国得克萨斯大学的 Zhu[57] 首先提出了基于空气耦合的非接触式冲击回波检测方法，其原理是冲击回波在到达结构与空气的分界面时，有一部分能量会以波动的形式泄漏到空气中形成泄漏波，因此通过对该泄漏波的采集与分析同样可以获得结构内部的损伤信息。Zhu 等[58] 为了验证空气耦合冲击回波的可行性，在室内预制了带不同类型缺陷的钢筋混凝土板，并且采用空气耦合冲击回波法对混凝土板的空洞缺陷和分层缺陷处进行了检测，分析检测结果并进行二维成像，通过图像清晰地识别出缺陷的位置以及深度，随后还使用空气耦合冲击回波法对带缺陷的灌浆金属管道进行检测，成功识别出灌浆不良和未灌浆的位置，从试验的角度证明了空气耦合冲击回波法在无损检测应用中的可行性。

自空气耦合冲击回波法提出后，许多人开始关注如何采集泄漏波以及如何减少其他信号对冲击回波泄漏波的影响。因为基于空气耦合的冲击回波法是通过麦克风传感器来采集空气中的泄漏波，即声压信号，因此采集的信号中还包含了环境噪声、激励源的直达声波以及瑞利波的泄漏波，这对于信号的分析有很大的影响。因此，在 2012 年，Kee 等[59] 为了提高空气耦合冲击回波信号的信噪比，提出并设计了抛物面声反射器，通过研究声反射器与空气耦合冲击回波泄漏波的相互作用来改进声反射器的几何形状，并且建立了一系列有限元模型进行模拟分析，在不断调整反射器的边缘角度和宽度以及空气耦合传感器的位置后，开发出了最佳几何形状的声反射器，模拟结果也表明该声反射器能显著地提高空气耦合冲击回波信号的信噪比。同年，Shin 等[60] 将目光转至一种低成本动圈麦克风，通过将双层塑料板嵌入混凝土板中来模拟不同尺寸和深度的分层缺陷，并进行扫描式的空气耦合冲击回波测试，对比动圈麦克风与接触式传感器的检测结果，发现动圈麦克风在不使用声学屏蔽的情况下仍可以清楚地识别出混凝土板中的近表面分层缺陷。

为了研究空气耦合冲击回波法检测的准确性，Kee 等[61]在实验室制作了全尺寸的混凝土桥面板(包含分层缺陷和开裂缺陷)，然后分别使用空气耦合冲击回波法和红外热成像法进行检测，发现两种无损检测方法的检测结果与大多数实际缺陷具有较好的一致性。他们通过分析两种方法的优缺点，提出了一种简单的融合技术用来增强检测的效果，这种将不同无损检测方法结合使用来弥补彼此的不足的方法，成为未来无损检测技术发展的大方向。

通过大量的试验研究以及现场应用后，空气耦合冲击回波法的检测效率相对于传统冲击回波法已有了巨大提升，此时部分研究员开始研究能否有其他激发应力波的方式代替传统的机械敲击，以进一步提高检测的效率。2013 年，Dai 等[62]受到碎石机的启发，研究出了空气聚集火花系统，该系统可以作为弹性介质中激发应力波的非接触式声源，其原理是利用椭球形反射器将电火花放电产生的输出压力波聚焦于反射器远焦点处放置的弹性固体表面，以此激发应力波，并且通过试验验证了此方法的可行性。同年，Oh 等[63]对运营中的混凝土桥面板进行了检测，检测过程中分别使用了空气耦合冲击回波法、红外热成像以及链式拖拽法，并且为了将钻芯法与三种无损检测方法进行对比，从检测区域提取了 8 个钻芯样本。结果表明，在分辨浅层地表分层时，三种无损检测方法的检测结果与钻芯法基本一致，都具有较高的准确性。

2014 年，Mazzeo 等[65]证明了冰同样可以作为应力波的激励源，来激发混凝土中的冲击回波模态。通过比较钢球和冰球对完整以及分层混凝土结构的冲击，并分析采集的声压信号，结果表明冰球的敲击效果与钢球基本一致。

2015 年，Oh 等[64]提出了一种全新的多维数据表示格式，用于展示无损评估点测试频谱数据。将空气耦合冲击回波法采集到的时域信号转换成频域信号，并沿着检测试件表面的 x 与 y 坐标排列，形成一个三维数据集。与传统的数据表示格式相比，多维数据表示格式和可视化技术应用于从两个不同钢筋混凝土试件收集的冲击回波数据，证明了其能有效改进检测结果中的近表面分层的检测效果。

微机电(MEMS)传感器作为一种新的声学技术，相比传统传感器，其凭借低成本、小尺寸、宽频带宽、高信噪比等优点脱颖而出。2015 年，Ham 等[66]将 MEMS 传感器引入空气耦合冲击回波检测中，他们通过分析 MEMS 传感器的基本工作原理和特性设计了多个试验，在每个试验中都将 MEMS 传感器与传统非接触式和接触式传感器进行了对比。结果表明，MEMS 传感器的检测结果与接触式传感器的检测结果一致，表现出良好的性能，这说明 MEMS 传感器在非接触式无损检测方面具有非常大的潜力。

2017 年，Epp 等[67]为了提高检测大型民用钢筋混凝土结构的效率，提出了一种新的分析方法：利用 20 kHz 分辨率的双麦克风小波变换来提高损伤的检测能力。其原理是通过对麦克风采集到的信号进行预处理来恢复频谱数据，利用能量的百分比对信号进行分析，以此确定检测试件的损伤情况。通过与传统处理方法——快速傅里叶变换和小波变换等进行对比，发现该分析方法在检测大面积试件时具有更高的准确性。

2019 年，严鹏南[68]通过空气耦合冲击回波法检测隧道衬砌的内部缺陷，发现当研究对象由平面板换成曲面板后，若曲面板的半径足够大时，仍可将其视为平面板来分析。

2021 年，Scherr 等[69]开发了基于空气耦合冲击回波的扫描仪，并且在混凝土桥面的分层检测中，通过取芯对比证明了该扫面仪的检测效果准确性高、检测速度较快，此外，该设备还可以实现数据的实时处理并自动判断分层检测阈值，将检测结果绘制在地图上，以便进行整体损伤的评估。

2022 年，Hong 等[70]基于空气耦合冲击回波法开发了一种移动冲击回波系统，用于评估混凝土结构中的浅层脱空缺陷，并通过有限差分法和试验进行了验证。模拟结果表明，对于浅层脱空缺陷，弯曲模态在频谱中占主导地位，通过制作带浅层脱空缺陷的混凝土板，并对比接触式传感器和开发的移动冲击回波系统的检测结果，证明该系统可以快速地检测出结构中的浅层脱空缺陷。

根据目前国内外学者的研究现状，提出本书以下研究内容：

(1) 利用有限元分析软件 ABAQUS 建立各种工况下的不同模型，通过改变缺陷尺寸、敲击点与缺陷相对位置等因素进行数值模拟，采集加速度与声压信号并使用 MATLAB 软件进行处理，研究数值模型在不同工况下的空气耦合冲击回波的响应特性。

(2) 基于空气耦合冲击回波法,对灌浆套筒密实性、桥面板缺陷、曲面板内部缺陷、衬砌壁后缺陷、板式无砟轨道内部缺陷这五个不同结构进行相关研究。浇筑相关试件并进行现场检测,通过对比试验结果与数值模拟结果,来验证数值模拟的准确性与试验的可靠性。

(3) 制作基于空气耦合冲击回波法的检测装置,通过实际检测装置对缺陷所在区域进行检测,采用融合损伤指标进行成像,生成云图,展示不同试件中缺陷的具体位置。

第 2 章　空气耦合冲击回波法理论背景

2.1　应力波在半无限体中的传播规律

应力波在可变形的弹性固体介质中可分为弹性波和塑性波。当应力与应变呈线性关系时，称为弹性波；当应力与应变呈非线性关系时，称为塑性波。当在固体表面施加一个冲击力时，会在物体内部产生三种不同类型的应力波。它们在一个半无限的平面弹性体中表现为沿着自由边界表面传播的表面波，又称瑞利波（rayeligh wave，简称 R 波）和在弹性介质内部传播的体波，其中体波又分为压缩波（compression wave 或 primary wave，简称 P 波）和剪切波（shear wave，简称 S 波）。应力波的分布如图 2-1 所示。

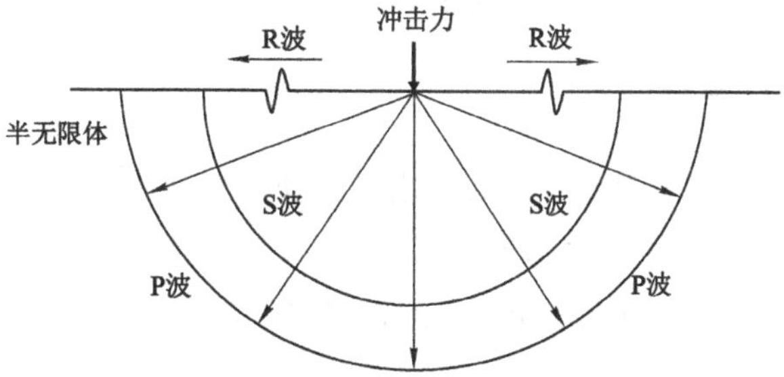

图 2-1　应力波在瞬时冲击作用下传播示意图

2.1.1　应力波的波速

应力波在固体介质中传播的波速取决于材料的弹性模量、密度以及泊松比[71]，其中 P 波和 S 波的波速为：

$$C_P = \sqrt{\frac{\lambda + 2\mu}{\rho}} = \sqrt{\frac{E(1-\nu)}{\rho(1-2\nu)(1+\nu)}} \tag{2-1}$$

$$C_S = \sqrt{\frac{\mu}{\rho}} = \sqrt{\frac{E}{2\rho(1+\nu)}} \tag{2-2}$$

式中：λ，μ 为拉梅常数；E 和 ρ 分别为杨氏弹性模量和密度；ν 为泊松比。

瑞利波波速 C_R 可以从关于 C 的双立方方程中求解：

$$\left(2 - \frac{C^2}{{C_S}^2}\right) - 4\left(1 - \frac{C^2}{{C_P}^2}\right)\left(1 - \frac{C^2}{{C_S}^2}\right) = 0 \tag{2-3}$$

求解式(2-3)，R 波的波速即为 C 的一个根。R 波的波速 C_R 比剪切波波速 C_S 稍慢一些。三种波速的关系可以由下式表示：

$$\frac{C_S}{C_P} = \sqrt{\frac{1-2\nu}{2(1-\nu)}} \tag{2-4}$$

$$\frac{C_R}{C_S} \approx \frac{0.87 + 1.12\nu}{1+\nu} \tag{2-5}$$

通常混凝土的泊松比 ν 为 0.15～0.25，C_R 的值介于 C_S 的 90%～92%以及 C_P 的 53%～58%之间。而混凝土中 P 波的波速 C_P 一般为 3 800～4 500 m/s。R 波是一种特殊的只在自由表面一定深度范围内传播的波，一旦离开表面传播其振幅将以指数的形式衰减。R 波的传播深度大致等于其波长的两倍，因此 R 波的传播深度与其频率是密切相关的。

2.1.2 应力波的激发

由于应力波的激发是基于应力和应变扰动的相互关系而传播的，机械敲击由于能够产生能量较大、波长较长的应力波，其抗干扰能力更强，检测的缺陷深度也更大[72]。因此，目前在混凝土检测领域多使用直径为 3～20 mm 钢制的球形冲击锤来激发构件中的应力波。

冲击锤对混凝土试件表面的敲击可视为一个瞬时的集中动荷载，其作用时间由 Hertz 弹性解近似得到：

$$T_C = 5.97\left[\rho_s\left(\frac{1-\nu_s^2}{\pi E_s} + \frac{1-\nu_p^2}{\pi E_p}\right)\right]^{0.4} \frac{d}{2h^{0.1}} \tag{2-6}$$

式中：T_C 为冲击荷载作用总时间；ρ_s 为钢球密度；ν_s 为钢球的泊松比；ν_p 为混凝土的泊松比；E_s 为钢球的弹性模量；E_p 为混凝土的弹性模量；d 为钢球直径；h

为钢球自由落体的高度。

一般认为钢球的瞬时作用时间为 20～80 μs，在短时情况内可近似地认为作用时间和钢球的直径 d 呈线性关系，对式(2-6)简化可得：

$$T_C \approx 0.0043d \tag{2-7}$$

在进行理论计算时，瞬时冲击作用力可认为是作用时间内关于时间的正弦函数，为避免趋近于0时力的幅值发生突变，对该方程进行平方得式(2-8)，与之对应的时程曲线如图2-2所示。

$$F(t) = F_{max}\sin^2\left(\frac{\pi t}{T}\right) \tag{2-8}$$

式中：F_{max}为作用力的最大幅值；T为作用的总时间；t为函数的时间变量，变化范围为 0～T。

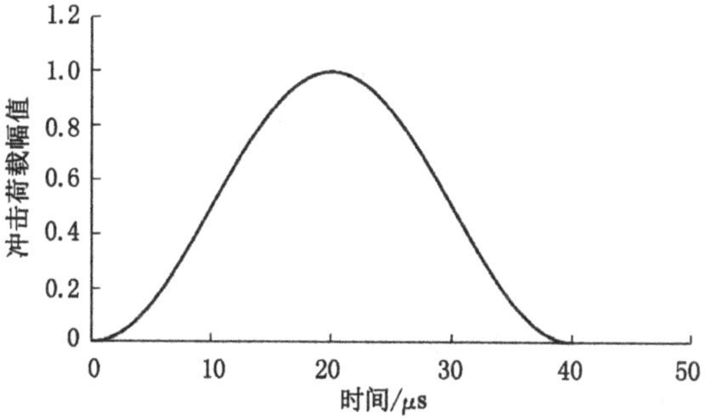

图2-2　冲击荷载幅值-时程曲线

由式(2-7)和式(2-8)可得，冲击锤半径越小能够产生的最大有效频率越高，反之则产生的最大有效频率越低、波长越长。因此，半径较大的冲击锤能够产生波长较长、衰减较慢的应力波，并且产生的能量也更强。实际检测中，应当根据检测构件的厚度确定其合适的最大有效频率，并依此来选择合适直径的冲击锤。

根据邹春江等[73]的研究确定了冲击锤直径与最大有效频率的关系式为：

$$f_{max} = \frac{291}{d} \tag{2-9}$$

式中：f_{max}为动荷载产生的最大有效频率，Hz；D为冲击锤直径，m。

应力波的传播同样需要依赖于介质，因此应力波同样遵循普通介质波的传播公式，应力波的波长和频率符合下式：

$$C = \lambda f \tag{2-10}$$

式中：C 为应力波的波速；λ 为应力波的波长；f 为应力波的频率。

2.2 应力波在板状结构中的传播规律

2.2.1 应力波的反射与折射

当一束应力波入射到材料属性不同的两种介质交界面时，一部分能量会透过界面发射、透射，而另一部分能量则会反射回来。由于冲击点附近的位移幅值基本是由 P 波来回反射所引起的，S 波所引起的位移很小（可以忽略），因此引入了应力波垂直入射时反射与透射系数[74]，其值为：

$$R = \frac{W_2 - W_1}{W_1 + W_2} \tag{2-11}$$

$$T = \frac{2W_2}{W_1 + W_2} \tag{2-12}$$

$$W = \rho C_P \tag{2-13}$$

式中：R 为反射系数；T 为透射系数；W_1、W_2 分别为两种材料的声阻抗；ρ 为材料的密度；C_P 为材料中 P 波的波速。

一些常见材料的声阻抗系数见表 2-1。

表 2-1　常见材料的声阻抗系数

材料类型	声阻抗系数/[kg/(m² · s)]
空气	0.4
水	5×10^5
钢材	4.7×10^7
混凝土	7×10^6

在本书所研究的情况下，即混凝土与空气的交界面处，由表 2-1 可知混凝土与空气的声阻抗值相差极大，在此情况下的反射系数 R 也趋近于 -1，表明当应

力波传播到混凝土-空气界面时，几乎全部的应力波都会反射回来。

上述讨论的情况为入射波与界面垂直时的情况，当入射波与界面不垂直时，一部分透射的波会反射回去，而另一部分透射的波会发生折射现象，折射角遵循斯涅尔(Snell)定律，如图 2-3 所示。

$$\frac{\sin\alpha}{C_1}=\frac{\sin\beta}{C_2} \tag{2-14}$$

式中：α 为入射角；β 为折射角；C_1 为介质 1 中的波速；C_2 为介质 2 中的波速。

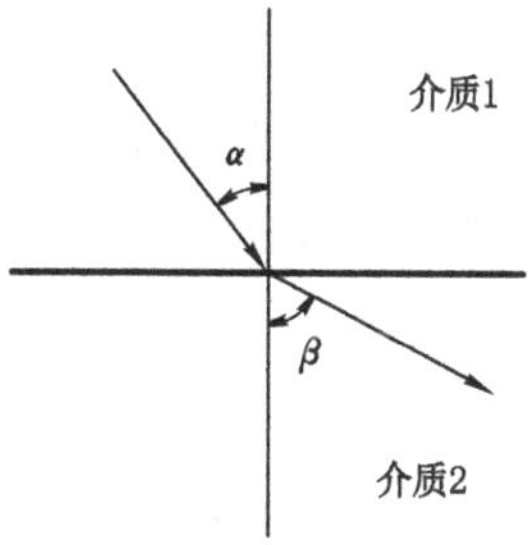

图 2-3　应力波折射示意图

2.2.2　传统冲击回波法的基本理论

冲击回波法最初由 Lin 等[13]成功应用到了混凝土检测领域。传统的冲击回波法是在构件表面用钢球或小锤进行敲击从而在混凝土内部产生应力波，当在混凝土内部传播的 P 波遇到板的边界时，由波的反射规律可知，P 波会在板状混凝土结构敲击点附近来回反射从而形成一种特殊的共振模态，称为冲击回波模态。通过放置在敲击位置附近的接触式传感器记录冲击回波的时域信号，并将接收到的时域信号用快速傅里叶变换转换到频谱，频谱中的峰值频率将对应于冲击回波模态的频率，冲击回波法原理示意如图 2-4 所示。占主导模态的冲击回波频率用来检测结构的厚度，厚度和频率的方程如下：

$$H=\frac{\beta C_P}{2f} \tag{2-15}$$

式中：H 为混凝土板的厚度；C_P 为混凝土内部 P 波的波速；f 为 FFT 得到频谱的主频率；β 为形状系数，在平面板结构中取 0.96。

当一块无缺陷的板厚为已知，根据式(2-15)可以推算出该厚度所对应的冲

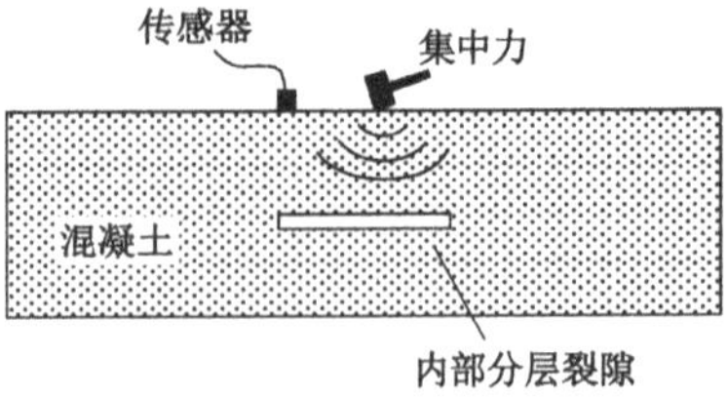

图 2-4　冲击回波法原理示意图

击回波主频率。相反的，如果所测的对应于板厚的冲击回波频率相较于已知板厚的主频率发生了偏移，则表明敲击点所处位置下方存在层状裂隙，使得 P 波提前反射从而此厚度下频率发生改变，根据此时测得的主频率可以得到内部缺陷的深度信息。

由于冲击回波模态是由共振产生的一种模态，因此敲击时输入的频率对能否有效检测出冲击回波频率起着至关重要的作用。对于厚度较大的板，根据式(2-15)可知其主频率较低，因此应当用直径较大的钢球作为激励源，同样的，当检测缺陷深度较浅的板时，应当用能够激发高频率的直径较小的钢球作为激励源。

在冲击回波法的现场应用中，需要提前对所测构件表面进行测点的定位，为了减少偶然因素对结果造成的影响，每个测点处要进行多次数据采集，网格精度越高越能够准确得到缺陷的位置和深度信息，但是所花费的时间也成倍增长。传统冲击回波法现场应用如图 2-5 所示。

对于双层平面板结构，Sansalone 和 Streett 在 1997 年提出了冲击回波法理论公式，简化得到下列公式[75]：

$$f_b = \beta / \left(\frac{2d_1}{v_{p1}} + \frac{2d_2}{v_{p2}} \right) \tag{2-16}$$

$$f_c = \begin{cases} \dfrac{v_{p1}}{2d_1}, & Z_1 > Z_2 \\ \dfrac{v_{p2}}{4d_2}, & Z_1 < Z_2 \end{cases} \tag{2-17}$$

式中：d_1、d_2 为第一、二层板厚度；v_{p1}、v_{p2} 为 P 波在第一、二层介质中的波速；f_b、f_c 为冲击回波从板底面、分界面反射的频率。

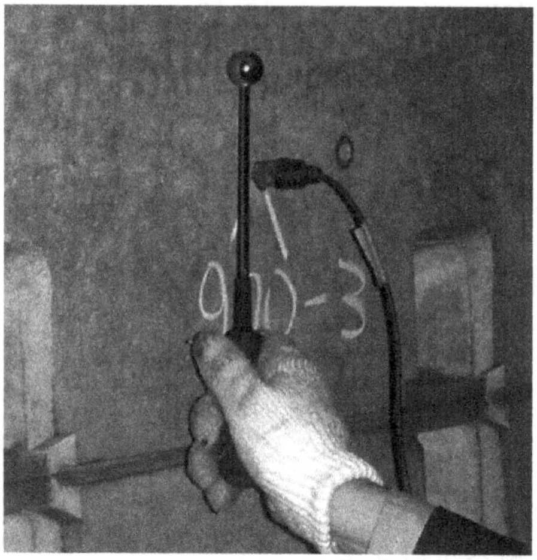

图 2-5　传统冲击回波法现场应用

2.2.3　冲击回波的 Lamb 波理论解释

冲击回波模态最初被认为是应力波中的 P 波在板状结构中多次反射后叠加而成的一种特殊的波。然而在最开始的研究中，利用式(2-15)(不带系数 β)计算得到的板厚结果总是与实际存在差异。后经大量试验验证，实际板厚与计算得出的板厚的比值约等于 0.96。因此引入了系数 $\beta=0.96$ 来计算板的厚度，最初的研究中并不能科学地解释系数 β 的实际意义。直到 Gibson 等[17]将 Lamb 波理论应用到冲击回波法中才给出了关于 β 的科学解释。

板中激发的冲击回波模态对应于一个特定的具有零群速度的对称 Lamb 波模态(S_1)。Lamb 波理论表明对于一个无限大的板状结构，当施加一个激励后会在板中产生无限多个对称和反对称的 Lamb 波[75]。板中 Lamb 波的分散特性说明了它们的相速度和群速度是随着波的频率变化而变化的。当达到一个特定的频率时，一个特定的 Lamb 波模态的群速度为零，这个特定的零群速 Lamb 波模态使得能量集中在冲击点附近很小的区域从而形成较为强烈的共振。Lamb 波的分散性与板的厚度和板的材料属性相关，例如泊松比 ν、剪切波(S 波)和压缩波(P 波)的波速。对称和反对称的 Lamb 波模态分散特性可以通过解瑞利-兰姆方程得出。

$$\frac{\tan(qh/2)}{\tan(ph/2)}=-\frac{4k^2pq}{(q^2-k^2)^2}\text{，对称模态} \tag{2-18}$$

$$\frac{\tan(qh/2)}{\tan(ph/2)}=-\frac{(q^2-k^2)^2}{4k^2pq}\text{，反对称模态} \tag{2-19}$$

式中：$p^2=\left(\frac{\omega}{C_P}\right)^2-k^2$；$q^2=(\omega/C_S)^2-k^2$；$\omega=2\pi f$，为角频率；$k=2\pi/\lambda$，为波数。

通过引入无量纲频率(Ω)和无量纲波数(ξ)，瑞利-兰姆方程可以转化为式(2-20)和式(2-21)。

其中对称 Lamb 波模态可以化为：

$$\frac{\tan(\pi\sqrt{\Omega^2-\xi^2}/2)}{\tan(\pi\sqrt{\Omega^2/\kappa^2-\xi^2}/2)}=-\frac{4\xi^2\sqrt{\Omega^2/\kappa^2-\xi^2}\sqrt{\Omega^2-\xi^2}}{(\Omega^2-2\xi^2)^2} \tag{2-20}$$

反对称 Lamb 波模态可以化为：

$$\frac{\tan(\pi\sqrt{\Omega^2-\xi^2}/2)}{\tan(\pi\sqrt{\Omega^2/\kappa^2-\xi^2}/2)}=-\frac{(\Omega^2-2\xi^2)^2}{4\xi^2\sqrt{\Omega^2/\kappa^2-\xi^2}\sqrt{\Omega^2-\xi^2}} \tag{2-21}$$

式中：$\kappa=C_P/C_S=\sqrt{2(1-\nu)(1-2\nu)}$；$\Omega=\frac{h\omega}{\pi C_S}=\frac{2hf}{C_S}$；$\xi=\frac{kh}{\pi}$；$h$ 为板厚。

根据式(2-20)和式(2-21)即可计算给定的波数和频率之间的关系。图 2-6 为 190 mm 厚的均质混凝土板所测得的频散曲线，试样的泊松比为 0.22，S 波的波速 C_S 为 2 490 m/s。每条曲线代表响应模态的无量纲频率和无量纲波数的对应关系。频散曲线中能够得到相应模态的相速度和群速度的关系，Lamb 波模态的相速度计算公式为：

$$C_{ph}=\frac{\omega}{k}=\frac{\Omega}{\xi}C_S \tag{2-22}$$

群速度能够由频散曲线上任意一点的斜率求得：

$$C_g=\frac{d\omega}{dk}=\frac{d\Omega}{d\xi}C_S \tag{2-23}$$

由图 2-6 可得，在各个频散曲线中，S_1 和 A_2 分别具有斜率为零的点$(\xi,\Omega)=(0.576,1.588)$和$(0.696,2.944)$。这意味着当在特定参数条件下，$S_1$ 和 A_2 的群速度会消失为零。而与 S_1 模态相对应的零群速点可由式(2-21)得到 $f_1=\Omega C_S/2h=10\ 406$ Hz。与之对应的相速度由式(2-22)得 $C_{ph}=\Omega C_S/\xi=6\ 865$ m/s。对于 A_2 模态，零群速频率为 $f_2=19\ 291$ Hz。

Gibson 研究发现，S_1ZGV(零群速 S_1 模态)实际上就是冲击回波模态。由

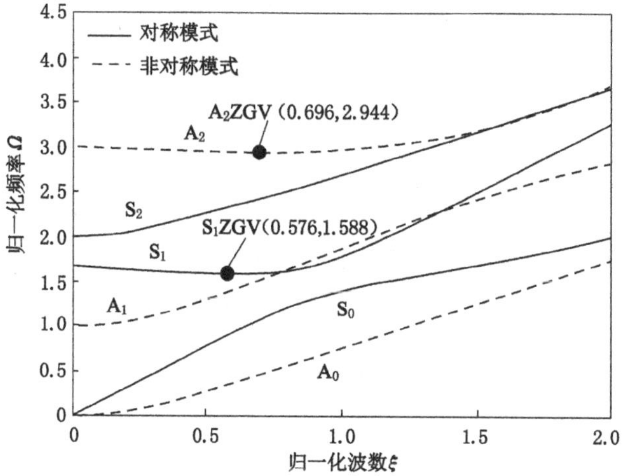

图 2-6　前三个对称和非对称模态的频散曲线

经验矫正的系数 β 是 S_1ZGV 的频率与 S_1 模态的截止频率的比值($cL/2h$)。截止频率点对应于频散曲线上波数 ξ 为零点。同时,矫正后的 β 只与材料的泊松比 ν 有关。

2.3　弹性波在空气-固体交界面的传播规律

由前文所述可知,在板状固体内部同时存在着 P 波、S 波和沿着表面传播的R 波。当波沿着物体表面传播时,物体表面的振动会引起部分能量泄漏到空气中。空气中形成的振动波被称为泄漏波,泄漏波的传播方向可以根据 Snell 法则算出。由于冲击回波模态是一种符合零群速度的 S_1 模态(后面称为 S_1ZGV),其传播群速度为零,但相速度并不为零,因此能够激发传播到空气中的泄漏波。其传播角度根据空气中波的传播速度和 S_1ZGV 波在混凝土中的相速度算出。泄漏波与混凝土板内部传播的波具有相同的频率。因此,通过分析空气中的泄漏波的频率同样可以得到物体内部传播的波的频率信息[77]。空气-混凝土交界面处泄漏波声场分布示意如图 2-7 所示。

由 Snell 法则可知,R 波在表面传播时相当于入射角为 90°,由式(2-14)可知,泄漏的 R 波折射角为:

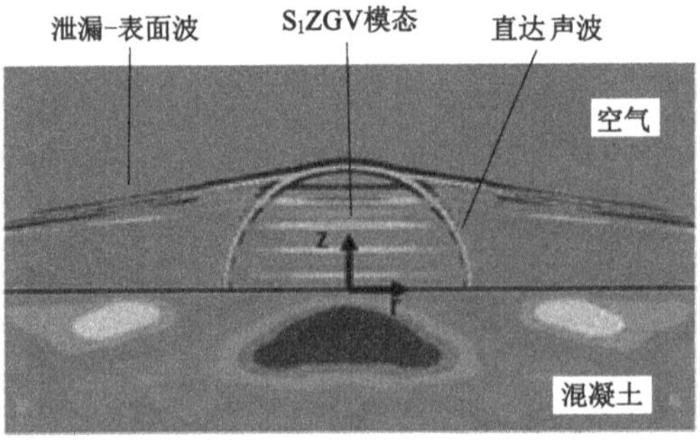

图 2-7　空气-混凝土交界面处泄漏波声场分布示意图

$$\sin \alpha = \frac{C_{air}}{C_{con}} \tag{2-24}$$

式中：α 为空气中泄漏波的折射角；C_{air} 和 C_{con} 分别为空气中声波的波速和混凝土中 R 波的波速。

由于二者波速相差较大，因此泄漏的 R 波折射角较小，由图 2-7 可观察到泄漏瑞利波的传播方向与混凝土表面形成一个较小的夹角。而图中的球面波是由于机械敲击而产生的直达声波。在直达声波之后我们在敲击点附近区域又观察到了一系列准平面的波形，这些准平面的泄漏波就是由冲击回波模态引起能量泄漏而产生的。

第3章　基于空气耦合冲击回波的灌浆套筒密实性研究

3.1　基于空气耦合冲击回波的有限元仿真模拟分析

3.1.1　ABAQUS有限元分析简介

有限元法是随着近代计算机的兴起而逐渐发展起来的一种分析处理方法，如今广泛地应用于土木、机械、航空航天等领域，ABAQUS/CAE作为应用较为广泛的数值模拟软件之一，其在弹塑性分析、爆炸分析、短时冲击分析等方面具有极强的处理能力，功能涵盖面极广，基本可以满足现实中所有应用问题的需求，并且操作简便。通过完成对模拟构件建模，赋予材料、约束、边界属性，设置荷载，提交作业等步骤，就可以得到与实际试件近似的结果。

本书将基于ABAQUS有限元模拟软件对带套筒剪力墙的构件进行建模分析，探究不同套筒工况以及测点位置、冲击锤直径等外在因素对时域及频域信号结果的影响。

3.1.2　空气耦合冲击回波法在带套筒剪力墙结构中的适用性探究

冲击回波法作为一种成熟的方法广泛应用于混凝土桥面板以及其他板式结构的检测中。近几年来，一些高校或机构对传统冲击回波法在灌浆套筒剪力墙板无损检测中的适用性进行了研究，本节首先对空气耦合冲击回波法在带套筒剪力墙结构中的适用性进行研究。

3.1.2.1　传统接触式冲击回波法带套筒剪力墙构件模型分析

本书采用不同规格的混凝土板模型进行模拟，混凝土选用C40混凝土，具体模型参数设置如表 3-1 所列。

表 3-1　带套筒平板模型材料参数

材料	密度/(kg/m³)	弹性模量/Pa	屈曲模量/Pa	泊松比
混凝土	2 400	3.24×10^{10}	—	0.3
空气	1.21	—	1.42×10^{5}	—
钢	7 850	2.1×10^{11}	—	0.3

建立 20 cm 板厚混凝土平板模型，模型厚度频率为 9 720 Hz，由冲击回波经典公式反算 P 波波速为 4 050 m/s。与三维 P 波波速计算公式基本吻合，取 4 050 m/s 作为模拟计算所用波速。

所有模型均采用 ABAQUS/Explicit 显式计算，模型网格需选择合适的尺寸，若网格太大会导致计算精度下降，若网格太密则会延长整个模型的计算时间从而影响计算效率。综合考虑模型的收敛性和精确性，一般情况下针对应力波有限元模型网格应满足下面要求：

$$L \leqslant \frac{\lambda}{10} \tag{3-1}$$

式中：L 为最小单元尺寸；λ 为波长。

模型采用半周期正弦冲击荷载[见式(3-2)]模拟钢球敲击作用，其幅值谱如图 3-1 所示。

$$f(t) = \sin^2\left(\frac{\pi t}{T}\right) \tag{3-2}$$

式中：T 为荷载作用总时间，取 40 μs；t 变化范围为 0～40 μs。

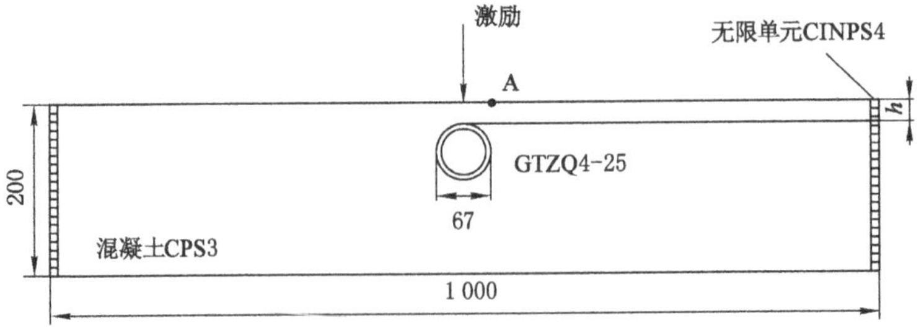

图 3-1　带套筒平板模型布置图(接触式)

因此，根据该力的正弦幅值函数产生的频率大约为 30 kHz，应力波传播速度为 4 050 m/s，根据式(3-1)近似采用的网格最小尺寸为 0.01 m。在灌浆套筒、隔音板等尺寸较小构件中为了使模拟结果更精确，采用网格尺寸为 0.005 m，模型分析步时长均为 0.05 s，时间增量取 2×10^{-7} s。

由于套筒灌浆作业主要为竖向灌浆，灌浆缺陷的主要形式为上部脱空，所以在数值模拟中灌浆缺陷主要考虑为截面无灌浆的工况。

由于建立三维模型会使模型单元数成倍增加，而二维模型计算耗时短，但时域信号结果与三维模型类似，且应力波和泄漏波传播过程在二维云图中也能很好地被观测到。故为了提高效率、缩短计算时间，拟采用 2D 截面模型进行模拟。对于套筒深度不同的模拟试验，图 3-1 中表示套筒上侧保护层厚度为 30 mm 布置的情况：

《建筑抗震设计标准》(GB/T 50011—2010)规定：一、二级抗震等级的剪力墙厚度不应小于 160 mm，且不应小于层高的 1/20；底部加强部位的墙厚，不宜小于 200 mm，且不宜小于层高的 1/16；当墙端无端柱或翼墙时，墙厚不宜小于层高的 1/12。对三、四级抗震等级，不应小于 140 mm，且不应小于层高的 1/25。故模型中剪力墙厚度取为 200 mm。

《钢筋套筒灌浆连接应用技术规程》(JGJ 355—2015)规定：灌浆套筒长度范围内预制柱箍筋与预制混凝土墙最外层钢筋混凝土保护层最小厚度分别为 20 mm 和 15 mm。套筒分别布置在剪力墙两侧(保护层厚度为 3 cm)以及剪力墙居中处。套筒按照 OVMGTZQ 全灌浆套筒尺寸参数建立，尺寸参数如表 3-2 所列。

表 3-2　套筒规格尺寸表

规格	套筒尺寸		
	内径 ϕ_A/mm	外径 ϕ_B/mm	套筒全长/mm
GTZQ4-16	32	54	328
GTZQ4-20	44	62	408
GTZQ4-25	48	67	510

表 3-2(续)

规格	套筒尺寸		
	内径 ϕ_A/mm	外径 ϕ_B/mm	套筒全长/mm
GTZQ4-28	51	70	570
GTZQ4-32	55	75	650
GTZQ4-36	60	81	730
GTZQ4-40	70	95	810

混凝土采用三节点平面应力三角形单元(CPS4)。为模拟无限平板，在模型两边布置无限应力单元 CINPS4 以消除应力波到达边界处发生反射的影响。混凝土模型内置 GTZQ4-25 型全灌浆套筒，h 为套筒外侧保护层厚度，整个模型边界采用下部简支。

在模型中设置历程数据输出点用于输出模型构件振动数据。激励位置位于混凝土上截面套筒中心位置正上方。输出点设置在距激励点水平距离 3 cm A 点处，用以接收混凝土表面加速度以及位移信号。

与传统平面板冲击回波检测不同的是，应力波在传达至套筒位置时由于套筒灌浆不饱满，形成混凝土-空气界面，由于界面属性不同，将发生应力波的绕射现象。应力波绕射路径示意如图 3-2 所示。基于冲击回波经典公式，随着绕射路径的增长，频域信号中的主频峰值频率将会向低频偏移。而应力波在套筒灌浆饱满的工况下并不会发生绕射现象从而发生频率偏移。这是冲击回波在灌浆套筒检测中的理论依据。

图 3-3 为接触式传感器 GTZQ4-25 型套筒居中布置加速度、位移信号。位移和加速度信号经过快速傅里叶变换得到的频域主频峰值为 9 280 Hz，经理想绕射路径经典公式反算得到的峰值频率为 9 217 Hz。这与模型计算的结果有差异，可能的原因是应力波发生绕射时穿透灌浆套筒的路径较长，且应力波在钢质构件中传播波速较快，因此出现了模型计算结果比理论计算结果频率偏高的情况。而在同样厚度无套筒平板构件中建立的平板模型冲击回波频域信号主频峰值为 9 720 Hz。频率向低频偏移的情况比较明显。

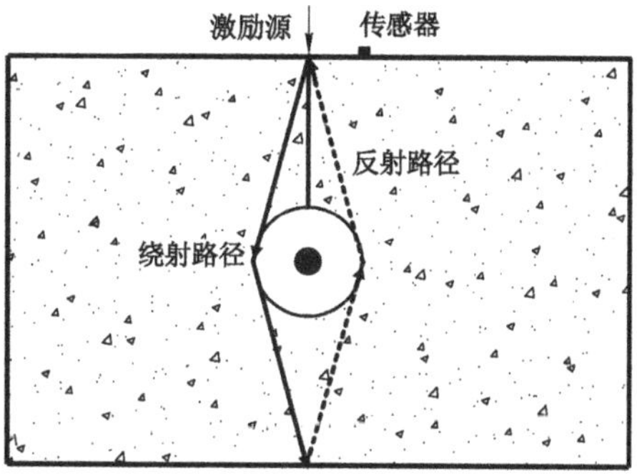

图 3-2　应力波绕射路径示意图

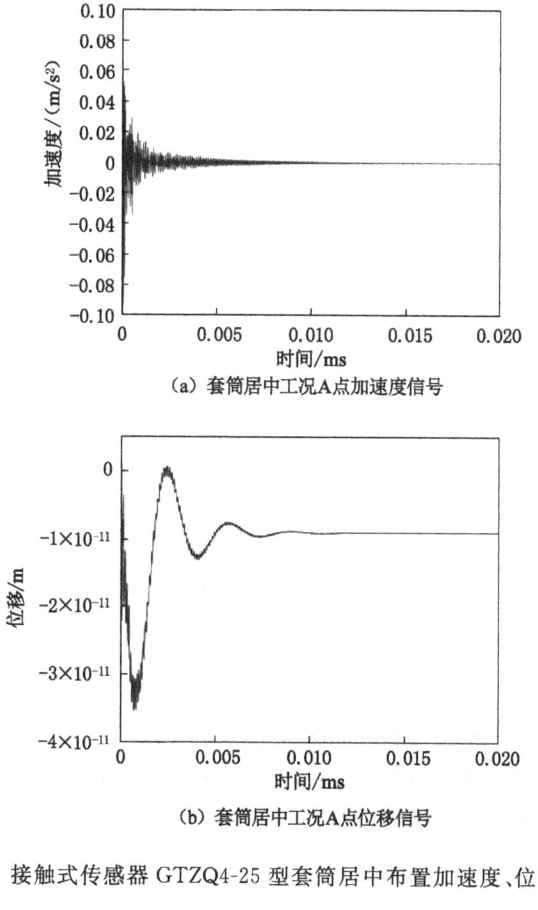

图 3-3　接触式传感器 GTZQ4-25 型套筒居中布置加速度、位移信号

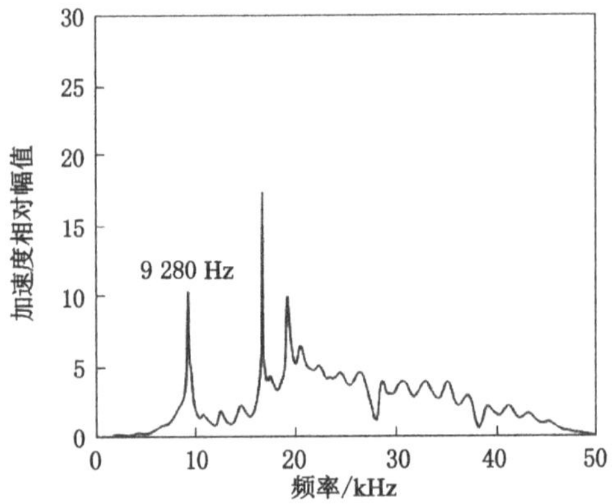

(c) 套筒居中工况A点加速度频域图

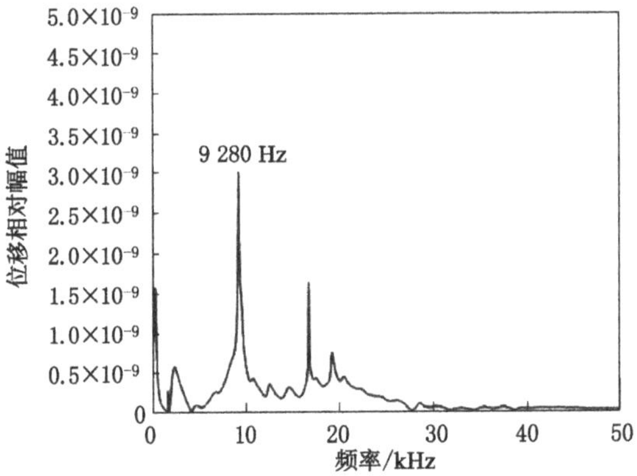

(d) 套筒居中工况A点位移频域图

图 3-3(续)

3.1.2.2 基于空气耦合冲击回波的带套筒剪力墙模型探究

建立带套筒空气耦合剪力墙模型,模型布置如图 3-4 所示,在混凝土板上部布置 10 cm×30 cm 空气模型。空气模型采用三节点二维声学三角形单元(AC2D3),并在空气模型中除与混凝土单元接触的三个边界处设置声学无反射边界以消除界面处反射声压信号的影响外,在 B 处设置历程数据输出点用以输出空气中声压数据。历程输出点位于空气中集中力施加位置附近。其余模拟参数和上节相同。

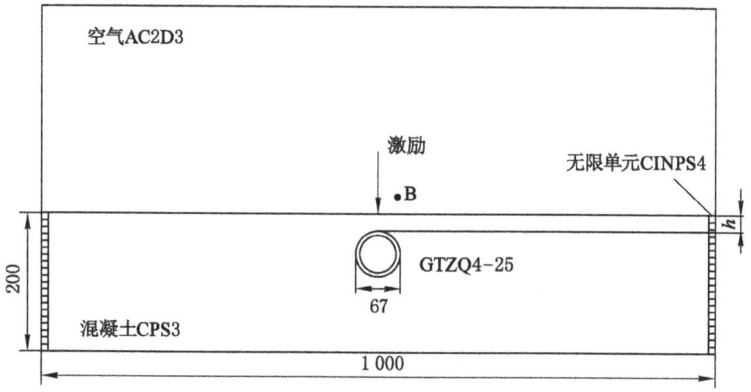

图 3-4　带套筒平板模型布置示意图（非接触式）

数值模拟声压时域信号和频域信号如图 3-5 所示，由图可以发现声压信号频域主频峰值和传统接触式测点采集到的信号结果基本一致，都为 9 270 Hz 左右，信号结果仅存在 10 Hz 的微小差异，在实际检测中这种差异基本可以忽略。在频域信号成分中可以发现，除 0 Hz 处频率直流分量外，低频位置还有两个明显可以观测到的峰值信号，这两个峰值信号的峰值频率分别为 330 Hz 和 860 Hz，并且 330 Hz 峰值信号幅值大小与频域绕射主频很接近，针对这两个峰值信号，对带套筒混凝土构件结构整体进行模态分析，分析结果见图 3-6 和表 3-3。

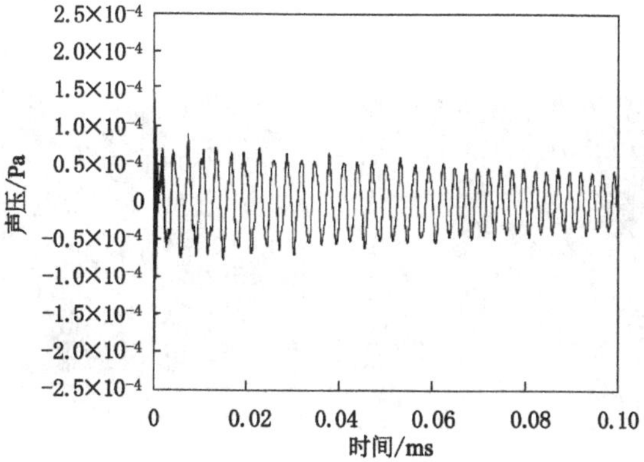

(a) 套筒居中工况B点声压时域信号

图 3-5　非接触式传感器 GTZQ4-25 套筒居中布置声压信号

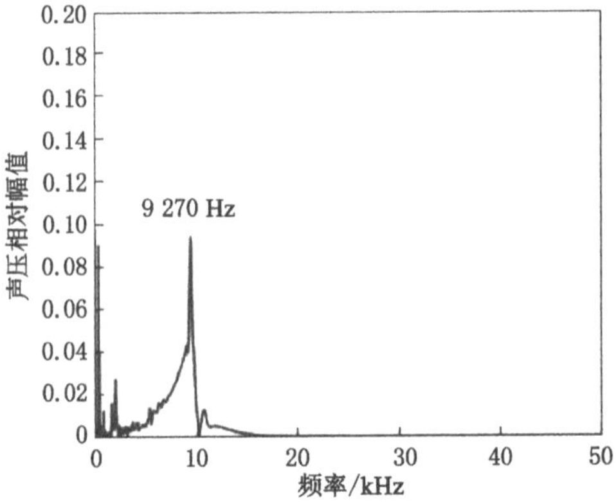

(b) 套筒居中工况B点声压频域信号

图 3-5(续)

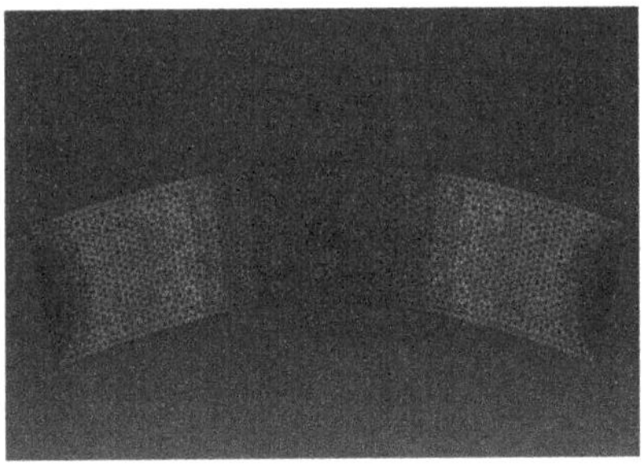

(a) 一阶共振模态

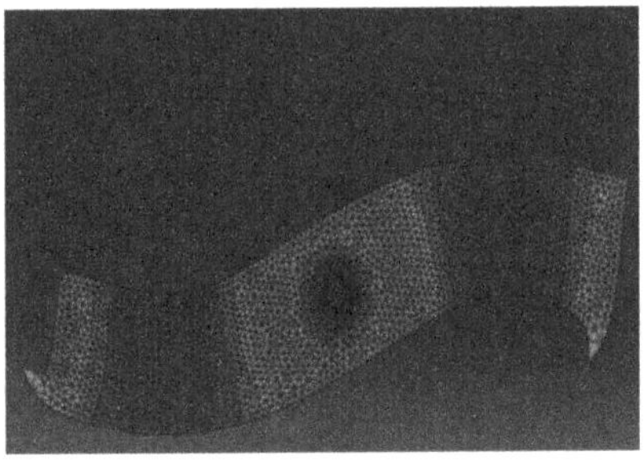

(b) 二阶共振模态

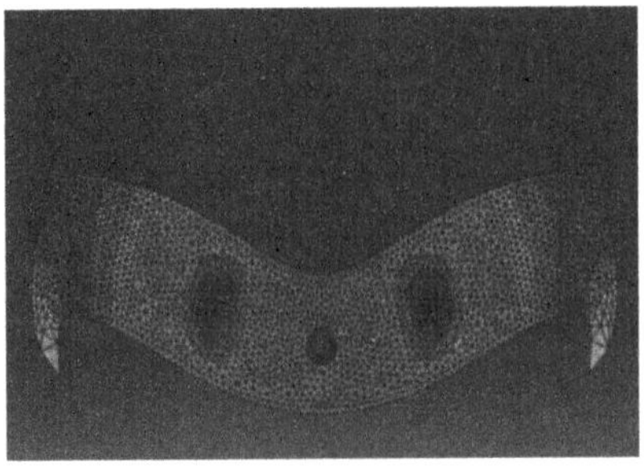

(c) 三阶共振模态

(d) 四阶共振模态

图 3-6　带套筒平板前四阶振形

表 3-3　前 6 阶共振模态频率

阶数	1	2	3	4	5	6
频率/Hz	291.85	900.12	1 493.7	1 848.0	2 132.1	2 900.2

由表 3-3 可以看到，前两阶共振模态的频率分别为 291.85 Hz 和 900.12 Hz，这与两个峰值信号的峰值频率十分接近，由此推断这两个峰值信号分别对应的是混凝土构件的一阶和二阶自振模态。观察频谱成分可以发现除了这两个频域峰值外，1 000～3 000 Hz 之间还有一系列幅值不高的频域峰值，主要是由于激励构建时直达声波信号的影响，这部分频域峰值在第 4 章中会做详细说明。与传统接触式传感器信号相比，声压信号频域峰值更为明显，并且冲击回波主频大小与加速度及位移频域信号主频差异很小，证明该模拟方案可行。

3.1.3　不同影响因素对带套筒平板冲击回波信号的影响

3.1.3.1　不同套筒布置位置下平面板数值模拟

在实际工程中灌浆套筒的埋深与工程情况相关，不是一个固定值。而由前文所述，对应绕射路径的频率峰值与绕射路径的长短息息相关，而绕射路径除与剪力墙板厚度有关外，还与套筒布设位置有关联。因此考虑灌浆套筒深度差异的影响是非常必要的。在本节中，针对套筒上侧混凝土保护层厚度(从套筒上壁起算)为 3.00 cm、6.65 cm、10.30 cm(工况 1、工况 2、工况 3)的三种不同埋深工况分别建立模型，并将信号点时域波形图通过 MATLAB 数据分析软件进行快速傅里叶变换后得到频谱图，利用厚度频率公式[式(2-17)]计算相应板厚主频，并与模型频域信号主频对比。如表 3-4 所列为不同套筒布置位置接触式与非接触式传感器得到的数值模拟结果。

表 3-4　不同套筒布置位置数值模拟结果

编号	实际深度/cm	接触式频域信号主频/Hz	空气耦合频域信号主频/Hz	频率偏移/Hz	理论绕射主频/Hz	误差率%
1	3.00	9 190	9 190	530	9 155	6.2
2	6.65	9 280	9 270	450	9 217	10.0
3	10.30	9 190	9 210	510	9 155	7.9

本节套筒模型依照 GTZQ4-25 灌浆套筒实际尺寸建立。

20 cm 厚混凝土板居中布置 GTZQ4-25 无灌浆套筒应力云图如图 3-7 所示，由图可知，应力波在 0.15 ms 时已经传达到混凝土板底并且发生了反射，应力波在穿过灌浆套筒时由于波阻抗不同发生发射和绕射，并有一部分应力波传入套筒之中。

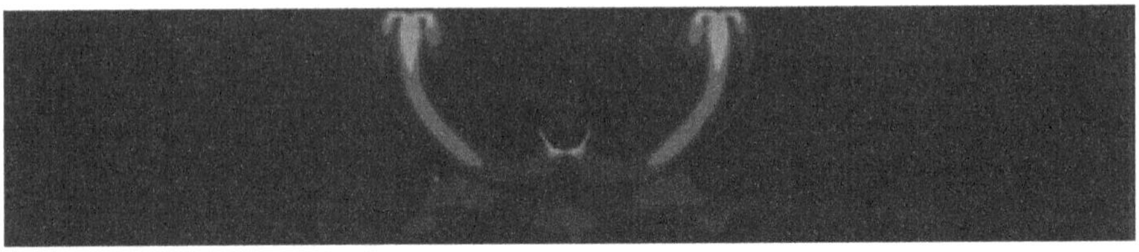

图 3-7　20 cm 厚混凝土板居中布置套筒 0.15 ms 时应力云图

图 3-8 为在 0.3 ms 时由于结构内部冲击回波响应引起的波的泄漏，其中包裹在敲击点附近呈现圆弧状的是由敲击产生的直达声波，在直达声波圆弧外与空气界面呈一定角度分布的为泄漏的瑞利波，在直达声波内呈水平分布的就是由冲击回波模态引起的泄漏波。

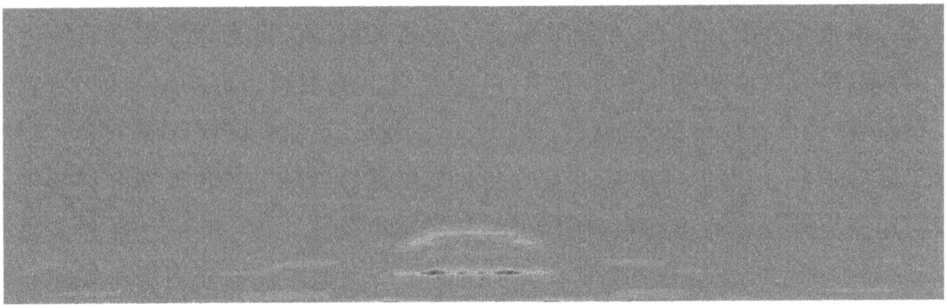

图 3-8　20 cm 厚混凝土板居中布置套筒 0.3 ms 时声压云图

对模拟得到的声压、加速度、位移时域信号进行快速傅里叶变换后得到的频域信号进行分析，分析结果如图 3-9～图 3-11 所示。

由图 3-9 可知，在工况 1 下，当选择接触式传感器时域信号时，无论是选择加速度还是位移的时域信号进行傅里叶变换，所得到的频域信号主频峰值皆为 9 190 Hz，而选择空气耦合声压信号进行视频分析所得的频域信号主频峰值也

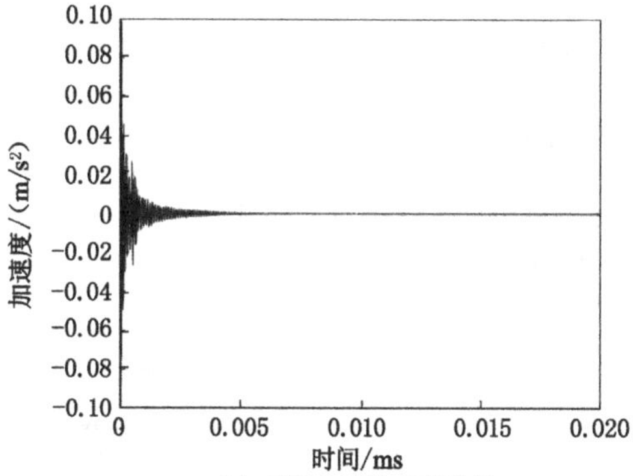

(a) 工况1时域加速度信号

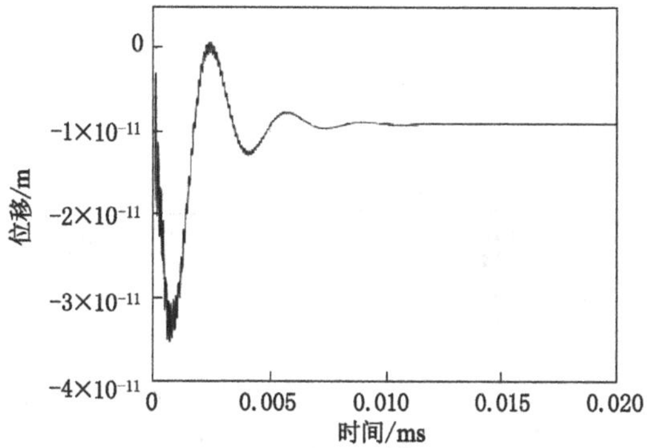

(b) 工况1时域位移信号

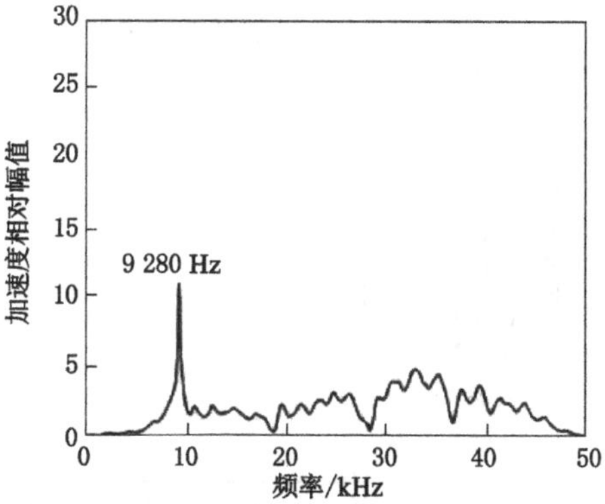

(c) 工况1加速度频域信号

图 3-9　工况 1 加速度、位移、声压时域及频域信号

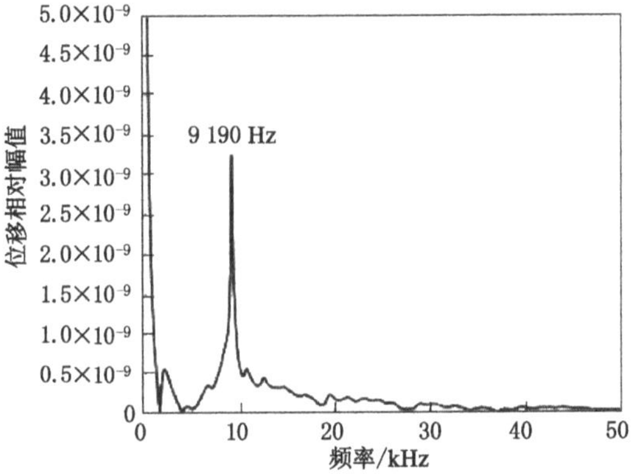

(d) 工况1位移频域信号

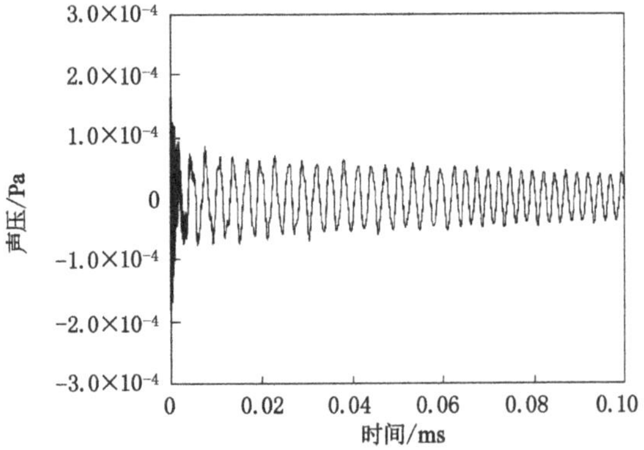

(e) 工况1时域声压信号

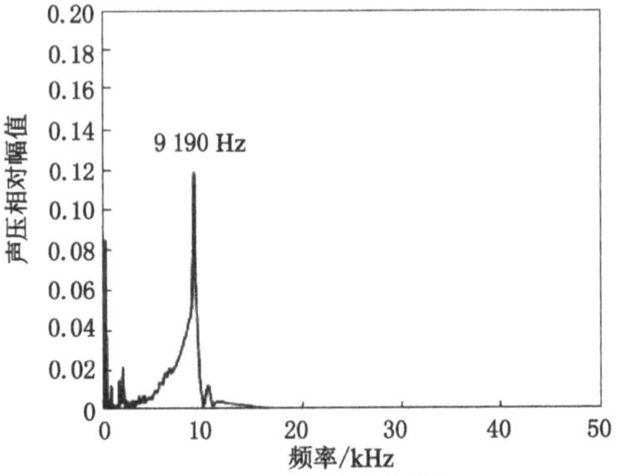

(f) 工况1声压频域信号

图 3-9(续)

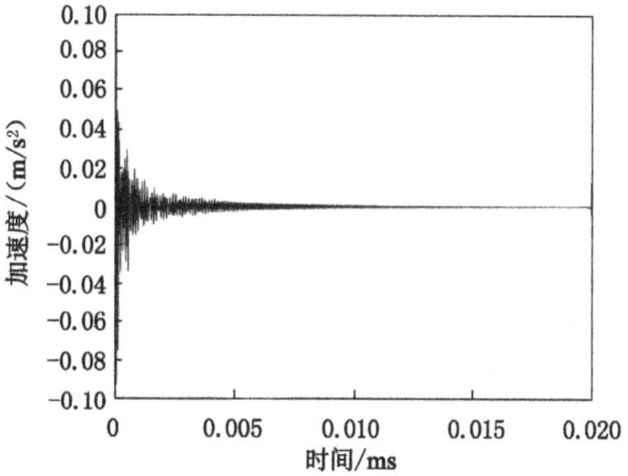

(a) 工况2时域加速度信号

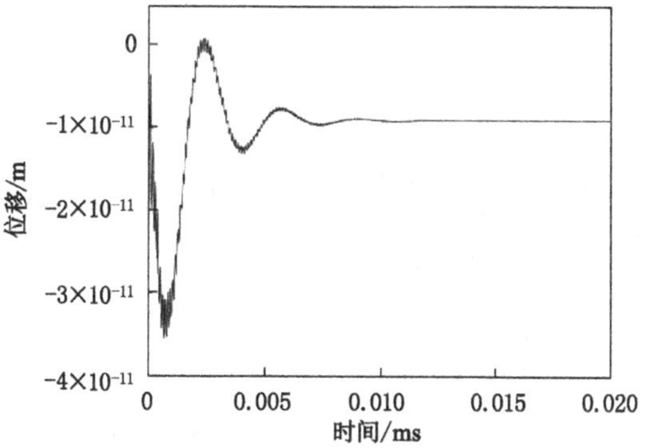

(b) 工况2时域位移信号

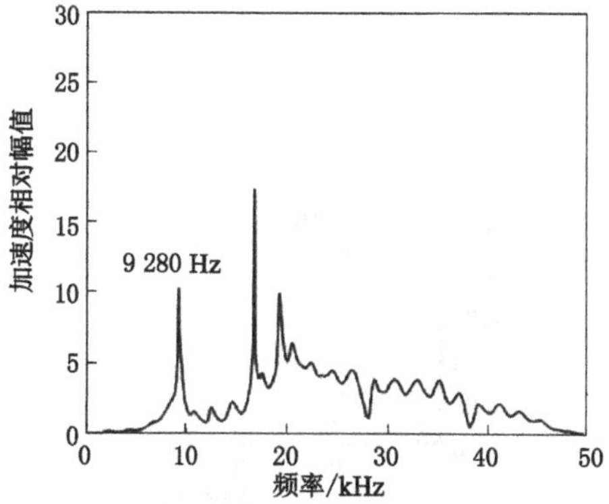

(c) 工况2加速度频域信号

图 3-10　工况 2 加速度、位移、声压时域及频域信号

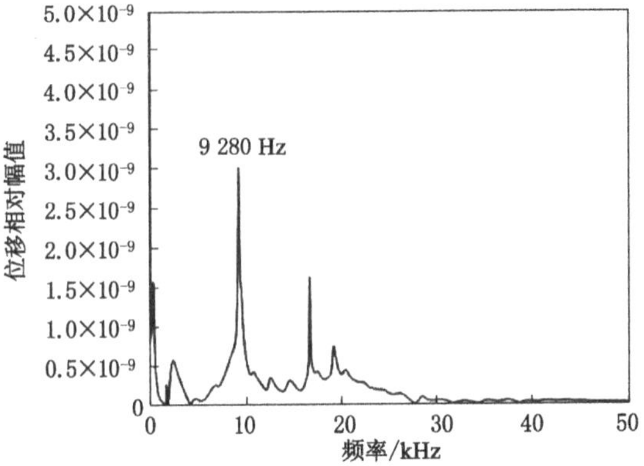

(d) 工况2位移频域信号

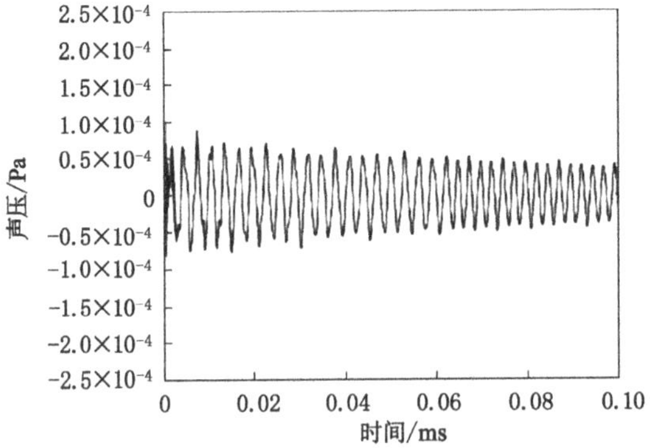

(e) 工况2时域声压信号

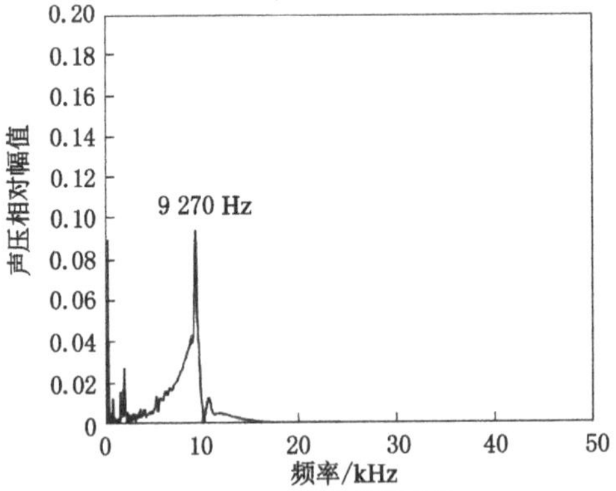

(f) 工况2声压频域信号

图 3-10(续)

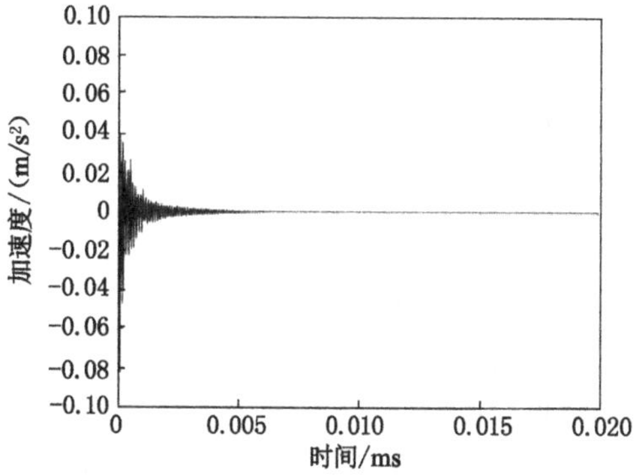

(a) 工况3时域加速度信号

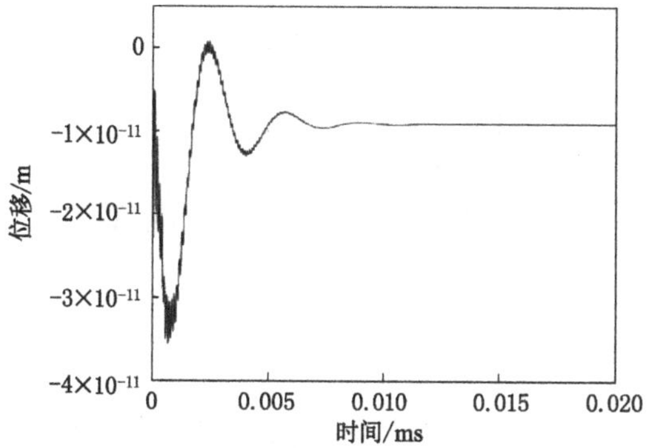

(b) 工况3时域位移信号

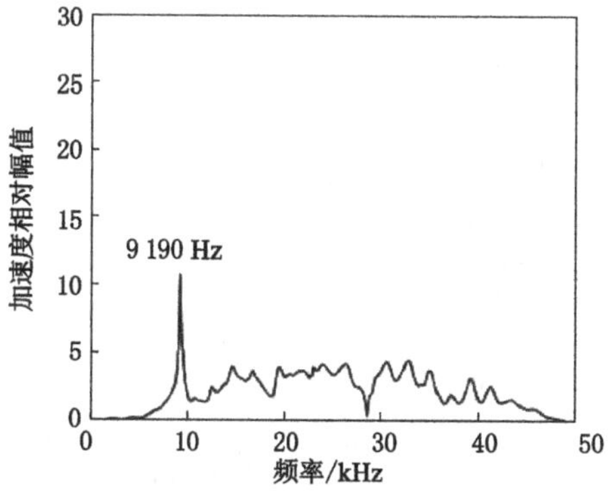

(c) 工况3加速度频域信号

图 3-11　工况 3 加速度、位移、声压时域及频域信号

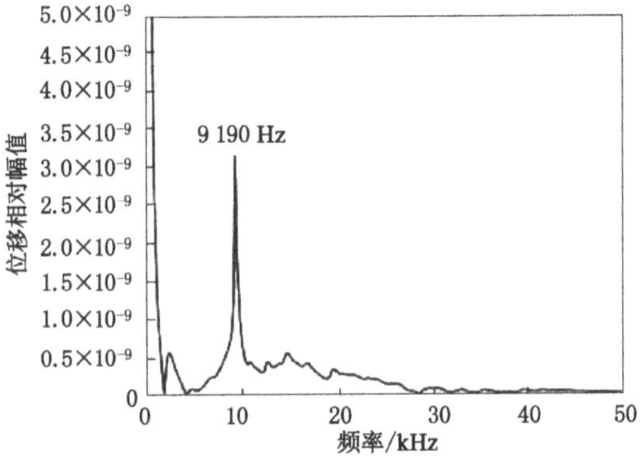

(d) 工况3位移频域信号

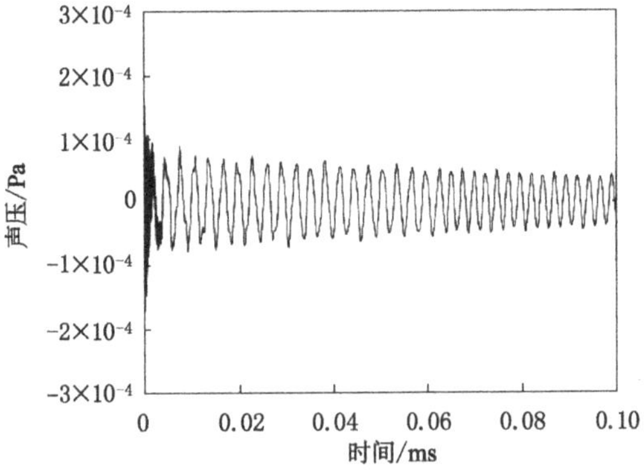

(e) 工况3时域声压信号

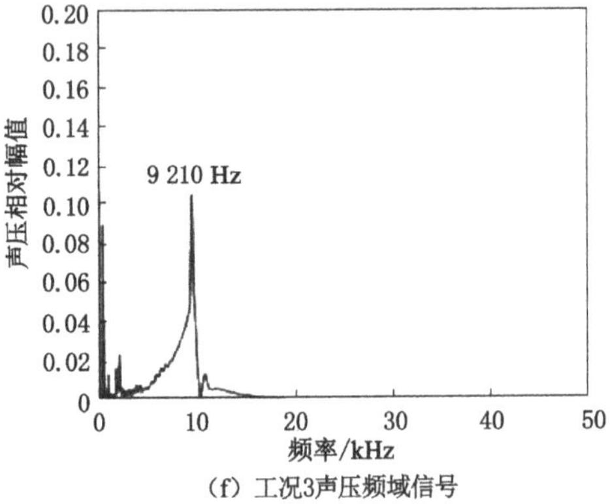

(f) 工况3声压频域信号

图 3-11(续)

是 9 190 Hz,两种信号所得的频域信号主频峰值结果完全一致,下面继续考虑套筒居中以及套筒布置在混凝土板下侧工况下的信号情况。

由图 3-10 可知,在工况 2 下,加速度与位移信号对应的频域信号主频峰值为 9 280 Hz,与声压信号对应的频域信号主频峰值完全一致,其中在加速度与位移时域信号中都出现了一个 16.3 kHz 左右的峰值信号,通过限定影响因素建立不同模型,最终确定这是一个与模拟构建长细比直接相关的峰值信号,当模拟构建长细比为 4 时,该信号与对应冲击回波峰值信号基本重合。

由图 3-11 可知,在工况 3 下,接触式频域信号主频峰值为 9 190 Hz,声压对应频域信号主频峰值为 9 210 Hz,两者基本吻合。同时,模拟结果也能与应力波传播最短路径对应,当套筒对称布置于构件上下两侧时,对应应力波传播路径的频率峰值基本一致,当套筒居中布置时,由于应力波绕射路径变长,所产生的频率偏移现象也更明显。

不同套筒位置数值模拟结果如表 3-4 所列,其中频率偏移值为绕射频率和厚度频率之差。

由上可得,基于空气耦合的冲击回波检测方法在灌浆套筒缺陷检测中同样适用,采集到的时域信号经过处理后与传统非接触式传感器相比,在主频峰值以及频率偏移的指标结果上基本一致。

3.1.3.2　不同套筒相同布置深度影响分析

在实际工程中结合不同工况所需布置的套筒规格也不尽相同,所以将套筒规格作为影响因素考虑也非常必要。因此,本书主要对三种不同规格套筒(GTZQ4-16、GTZQ4-25、GTZQ4-40)在相同剪力墙厚度工况下空气耦合冲击回波的响应进行对比研究。

采用前述 100 cm×20 cm 剪力墙模型,集中力布置在套筒正上方,套筒居中布置于剪力墙内部。

如图 3-12 所示为 0.3 ms 时不同规格灌浆套筒在空气场中的声压云图,从图中可以发现,冲击回波泄漏波声场在套筒尺寸较大的工况下衰减较慢,在无套筒缺陷区域衰减较快。

如图 3-13 所示为不同规格套筒时域声压信号转换得到的频域信号,由图可知,选用套筒的规格直接影响到峰值频率以及信号幅值的大小,选用 GTZQ4-16

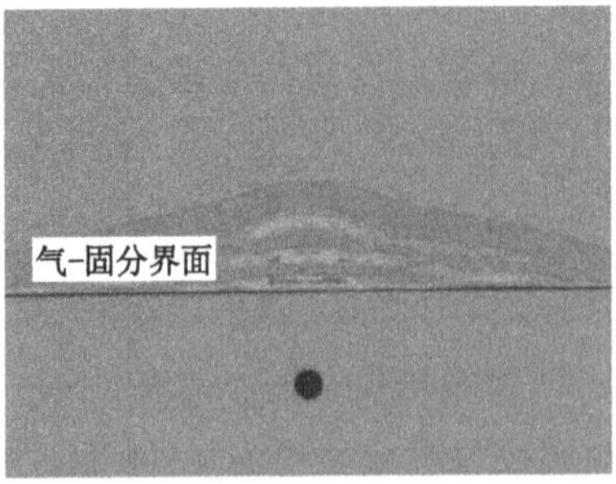

(a) GTZQ4-16套筒居中布置声压云图

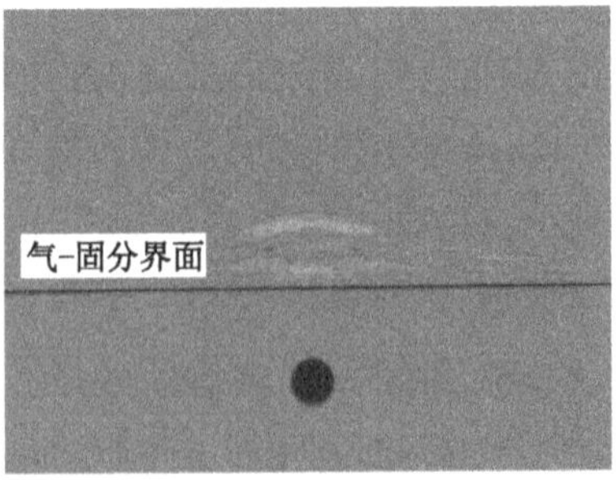

(b) GTZQ4-25套筒居中布置声压云图

图 3-12 不同套筒尺寸居中布置工况 0.3 ms 声压云图

型套筒,对应的频域峰值频率为 9 450 Hz。由 GTZQ4-16 带套筒构件模拟结果,当选取套筒规格较大时,由于绕射传播途径的加长,频率偏移的程度也相应增大。这与理论假设的结果一致。同时,由于套筒规格变大,应力波在传达至套筒上壁反射的比例增大,因此由冲击回波响应引起的泄漏波声压对应绕射厚度频率幅值也变小,与模拟中的结果一致。

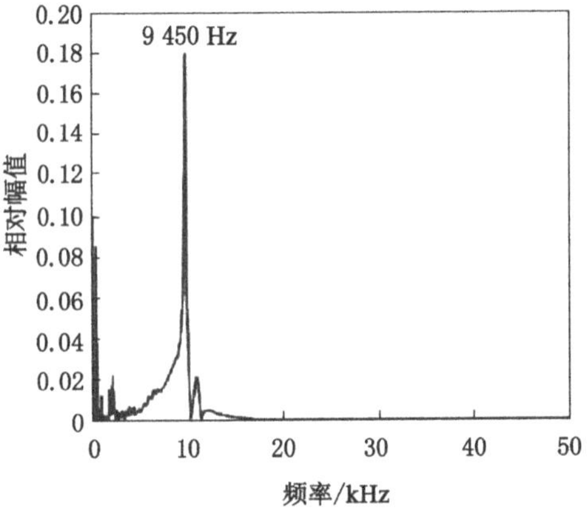

(a) GTZQ4-16型套筒声压频域图

图 3-13 不同套筒尺寸居中布置工况声压频域图

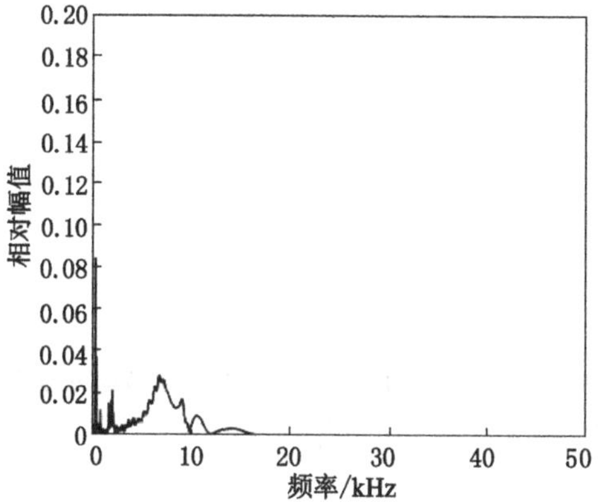

(b) GTZQ4-40型套筒声压频域图

图 3-13(续)

在图 3-13 中，当套筒尺寸过大时，确切地说是套筒尺寸在剪力墙构件中占比过大时，频谱中找不到明显的对应路径的频率峰值。除对应振动模态的 1 kHz 左右的峰值信号外，频谱成分中还存在一个 8 kHz 左右的峰值信号，但与理论计算的绕射频率差异较大，并且幅值能量较小。可能的原因是套筒尺寸过大，应力波在传达至套筒缺陷位置时入射角度过大难以发生绕射，并沿着激励点与灌浆套筒外壁切线位置连线的路径继续向下传播，并在到达构件底部时发生反射，此时的反射路径较绕射路径要长，理论计算得到的结果也与之相近。

由上可得，在同样工况下，选用尺寸较大的套筒将会使得频域信号的峰值频率向低频偏移的幅度增大，同时对应峰值频率的信号幅值会由于套筒的反射相应减小。值得注意的是，当套筒尺寸在构件截面中占比过高时，应力波在到达套筒外壁时难以发生绕射，在频域信号观测中也将不能找到对应绕射路径的频率峰值。

3.1.3.3　不同力的作用时间、敲击频率平面板数值模拟

不同的小球直径对敲击力的作用时间以及所激发力的作用频率有直接影响，一般在冲击回波检测中小球规格的选取并不确定，所以将小球直径纳入影响因素进行对比也是很有必要的。因此在本节数值模拟中，将不同小球直径的

因素等效为不同作用时间以及作用频率的集中荷载进行对比分析。

前文中所使用的荷载函数均为作用时间为 40 μs 半周期正弦函数，在本节中选取力作用时间为 10～80 μs 的半周期正弦函数分别布置在 GTZQ4-16 型和 GTZQ4-25 型居中布置套筒模型中，作为施加的集中力进行空气耦合冲击回波平面板响应模拟，共计 16 个模型。表 3-5 和表 3-6 为数值模拟信号统计后的结果。

表 3-5　GTZQ4-16 套筒不同荷载函数信号结果

序号	作用时间/μs	作用频率/kHz	频域信号峰值频率/kHz
1	10	125.10	9.45
2	20	62.57	9.45
3	30	41.71	9.45
4	40	31.28	9.45
5	50	25.03	9.45
6	60	20.86	9.45
7	70	17.88	9.45
8	80	15.64	9.45

表 3-6　GTZQ4-25 套筒不同荷载函数信号结果

序号	作用时间/μs	作用频率/kHz	频域信号峰值频率/kHz
1	10	125.10	9.27
2	20	62.57	9.27
3	30	41.71	9.27
4	40	31.28	9.27
5	50	25.03	9.27
6	60	20.86	9.27
7	70	17.88	9.27
8	80	15.64	9.27

由表 3-5 和表 3-6 可知，在改变小球直径（力的作用时间和作用频率）时，频域信号始终稳定在 9.45 kHz、9.27 kHz。这说明在理想状况下的数值模拟计

算中，小球直径的大小并不会对峰值频率以及频率偏移值的大小造成影响。为了进一步研究在小球直径改变时频域信号成分的区别，将不同力的频域以及声压时域信号进行对比，如图 3-14 所示。

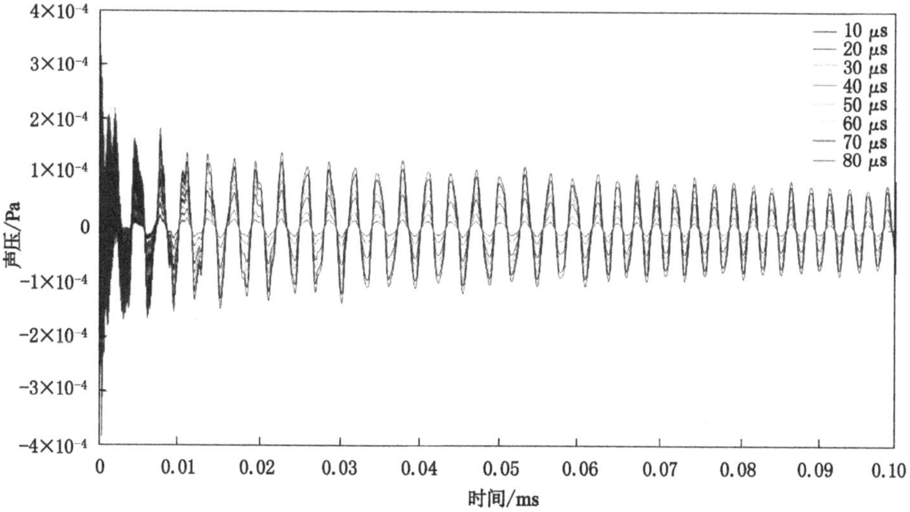

图 3-14　GTZQ4-16 型套筒不同荷载函数声压时域图

由图 3-15 可得，当只改变冲击锤尺寸(等效为冲击函数变化)时，数值模拟信号结果中对应绕射路径的频率峰值以及频谱组成没有显著差异。主要的差异在于声压时域信号以及频域信号的幅值，当冲击时间变长即冲击锤尺寸加大时相应时域信号以及频域信号的幅值也增大。

通过上述分析，小球尺寸的变化并不会影响空气耦合冲击回波剪力墙灌浆套筒检测的结果，但由于数值模拟偏理想化，实地检测中由于各种外在因素以及噪声的影响，所以选取尺寸较大的冲击锤是有必要的，可以使检测的结果更加清晰，并提升对外在因素影响的抗干扰能力。关于冲击锤尺寸对频域信号的影响将在试验中进一步研究。

3.1.3.4　不同测点布置位置影响因素数值模拟

在前几节数值模拟中，传感器布置方式参考接触式传感器布置总方式，是布置在敲击点位置上侧 3 cm 处。而泄漏波的传播与应力波类似，在空气中传播的过程中将会发生衰减，必然对时域和频域信号产生影响，本节将对不同测

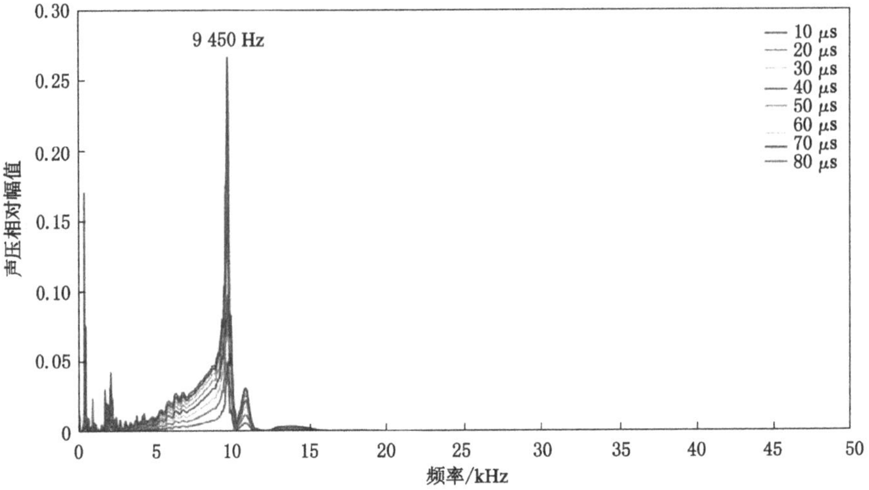

图 3-15　GTZQ4-16 型套筒不同荷载函数声压频域图

点布置位置进行研究。

本节主要考虑两个方向(水平、竖直)上位置的变化对空气耦合冲击回波检测结果的影响,目的是确定传感器最适合布置的高度以及考察水平方向布置位置的变化对频域信号产生的影响,后期将采取相应举措设法解决。

本节数值模拟依旧采用规格为 100 cm×20 cm 的带套筒剪力墙构件进行模拟。首先考虑竖直方向上位置的变化对模拟结果的影响。在施加荷载位置正上方分别布置测点,测点编号为 1～12,测点高度为 2～20 cm,间隔 2 cm 布置 1 个测点,且在 24 cm、28 cm 处各布置 1 个测点,共 12 个测点,如图 3-16 所示。

声波在介质中传播时,由于扩散、吸收和散射等原因能量会随着离开声源距离的增加而逐渐减弱,如图 3-17 所示,随着测点高度的不断增大,声压时域信号的波动幅值逐渐减小,当距离增加到 20 cm 以上时,时域信号幅值已经逐渐趋向于一条直线,信号能量逐渐减少。

从图 3-18 中可以看出,测点布置高度的变化并不会使得绕射频率发生改变,频域信号的成分也基本没有变化,唯一发生变化的是频域信号的幅值。当测点高度很低时,绕射频率信号波峰明显,信号能量较高,随着测点布置高度的提升,此时对比两个极端测点,测点 1 和测点 12,测点 12 的信号能量仅为测点 1

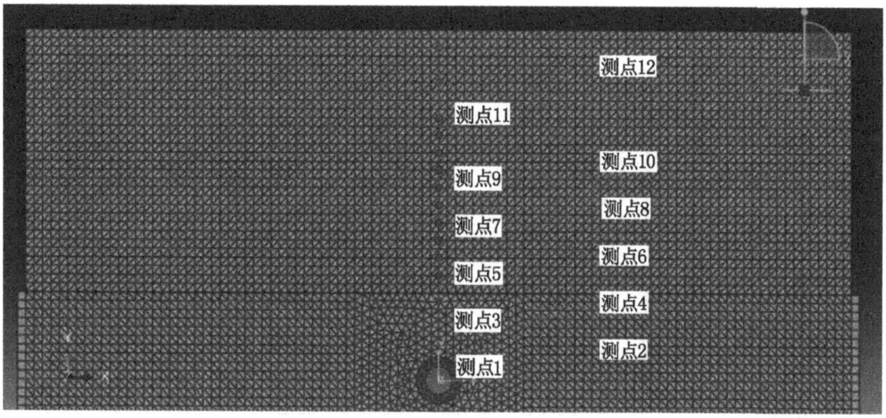

图 3-16　竖直方向测点布置图

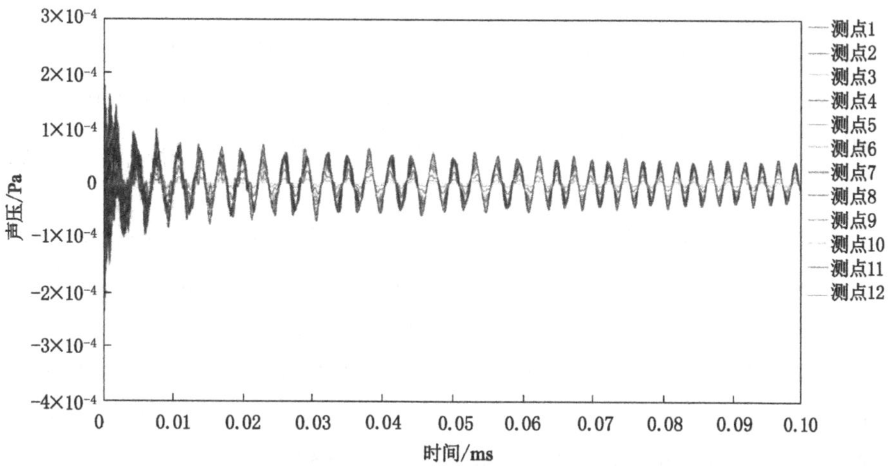

图 3-17　竖直方向测点声压信号对比图

信号能量的 6%，绕射频率已经不再是除直达声波外频域信号的主频，能量比结构自振频率的能量还要低，这非常不利于绕射主频信号的观测。因此在空气耦合冲击灌浆套筒密实度检测中，测点高度应当布置在 6 cm 以下，由模拟数据结果可知，信号能量能够保留 61.7%以上，此时得到的信号能量较强，容易直观辨别。

接下来我们建立模型，考虑测点水平布置位置的变化对模拟信号结果的影

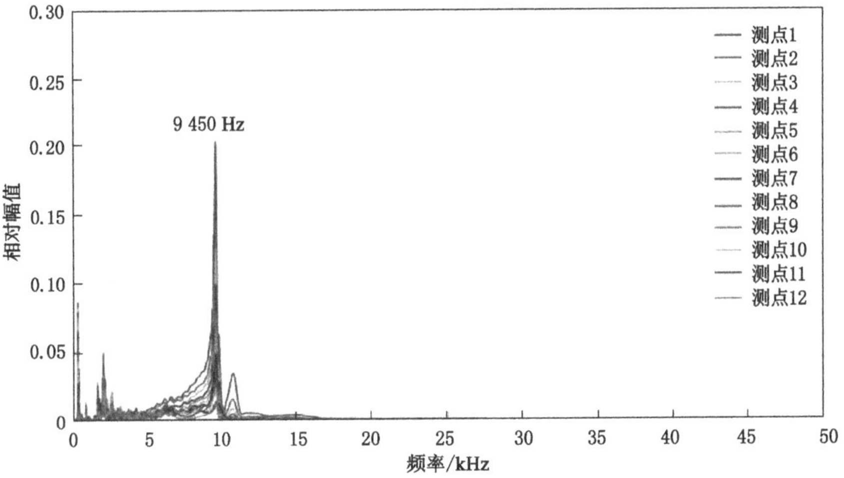

图 3-18　竖直方向测点频域信号对比图

响，拟在激励源上侧 3 cm 处布置水平测点，间隔 2 cm 分别布置 9 个测点，从测点 a～测点 i。由于测点 e 左右测点均为对称布置，在数值模拟结果中，对应左右侧测点信号也几乎完全一致，故综合考虑后只选取测点 a～测点 e 位置布置测点进行比较。

如图 3-19 所示，在测点水平布置位置发生变化时，对应绕射路径的峰值频率依旧稳定在 9.63 kHz，频谱成分中依旧包含一系列低频峰值，在水平测点距激励点距离增大时，由直达声波引起的频率峰值幅值也相应减小，这在图中从 5 kHz 到 8 kHz 一系列低频峰值的幅值变化中也可以看出，当测点距离激励点 8 cm 时，频域主频峰值信号起始点在 9 kHz 左右，此时除直达声波引起的频域峰值外，频谱成分简单，基本只能观测到绕射频率峰值。

由上可得，当测点距离过远时，随着测点距离的增加，频域信号幅值也相应减小，但最高幅值的频域信号不是在测点布置在激励位置正上方时，而是位于测点 c 和测点 d 之间时。据此推测，信号最佳观测水平位置处于距离激励点 2～4 cm 之间，此时频域信号幅值最高。虽然水平测点的布置位置并不会直接影响频域信号峰值的大小，对检测结果造成影响，但考虑工地施工现场实际情况，对其他可能的影响因素的抗干扰性也要纳入考虑之中，所以在水平方向传感器位置布置的考虑上应该选择绕射频率信号最强、抗干扰能力最优异的位置，综合考虑应当布置在距激励点水平距离 3 cm 左右。

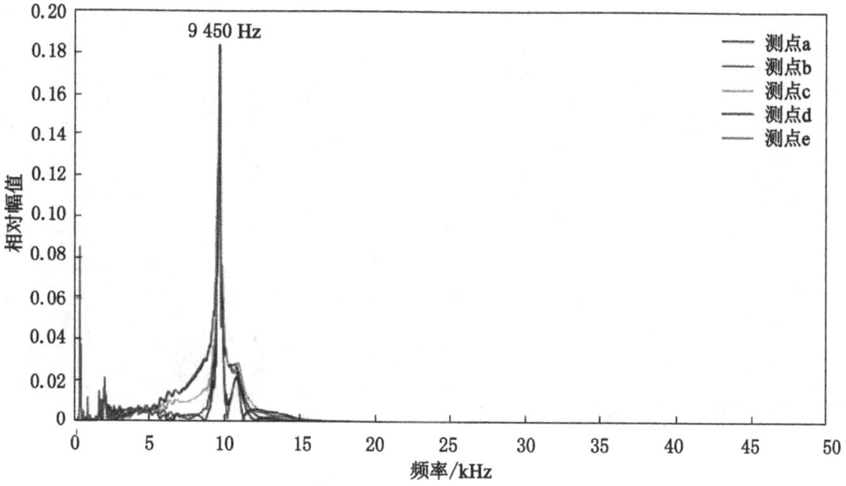

图 3-19　水平方向测点频域信号对比图

3.2　基于空气耦合冲击回波检测的方法改进

3.2.1　隔音挡板屏蔽方法数值模拟分析

在本章关于带套筒平板数值模拟中的一系列声压频域图中可以看到，除绕射频率外，还有一些低幅值、低频率的峰值信号，造成这一现象的原因初步分析是激励时产生的直达声波的影响。在本节中，将对这部分峰值信号进行分析处理。基于上述思想建立模型，通过在激励源和感应测点之间设置隔音挡板的方式，以屏蔽或减弱直达声波和机械噪声的影响，并对隔音挡板材质、高度影响因素进行分析。隔音挡板厚度设置为 1 cm，布置在敲击点左侧 1 cm 处，测点布置在距离敲击位置水平距离 3 cm 且布置高度也为 3 cm 处。隔音挡板及测点设置如图 3-20 所示。

3.2.1.1　隔音挡板材料选取模拟分析

当声波在介质中传播时会有一部分声能被介质吸收，这种现象被称为吸声

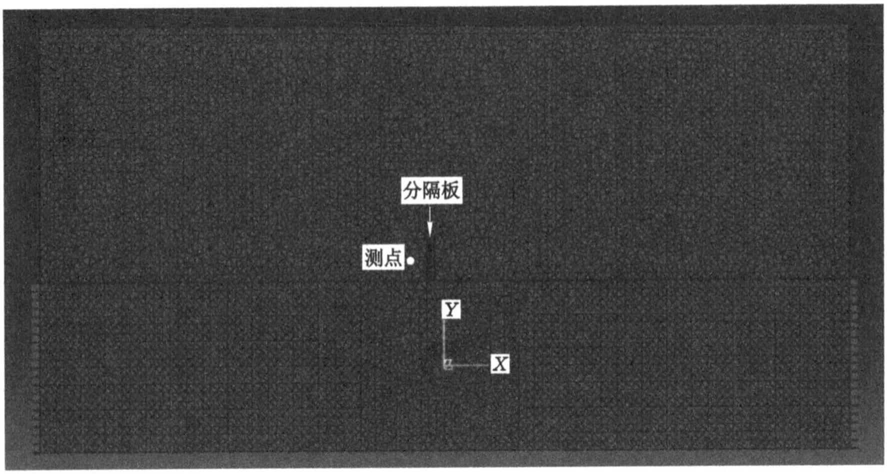

图 3-20　隔音挡板及测点设置图

现象。材料吸声是在声波接触到材料外表面时，声波中的一部分能量被材料表面吸收而引起的声能降低现象。然而由于各种材料的吸声性能差异很大，所以应将隔音挡板材料的选取纳入考虑中，在本节中共选取三种不同材料，分别是混凝土、横纹木材和吸声胶合板。通过对模型中隔音挡板赋予不同的材料特性进行模拟，并将模拟结果进行对比，分析不同材料对直达声波信号的屏蔽效果及对最终频域信号的影响。不同隔音挡板材料特性如表 3-7 所列。

表 3-7　不同隔音挡板材料特性表

材料名称	质量密度/(kg/m^3)	弹性模量/GPa	泊松比
混凝土	2 400	32.40	0.30
横纹木材	550	0.82	0.45
吸声胶合板	600	5.30	0.10

在图 3-21 中为了方便观察波形，调整了云图底色使得云图波形更加明显。对比有无隔音挡板情况下的声压云图可以看出，在测点和敲击位置处布置了隔音挡板后，直达声波部分在云图中由于能量被隔音挡板吸收已经不可见，只能明显观察到原先包裹在直达声波内部的由冲击回波模态引起的泄漏波，以及分

布在混凝土平板两侧的瑞利波。这说明无论什么材质的隔音挡板，对直达声波都能起到一定的屏蔽作用。

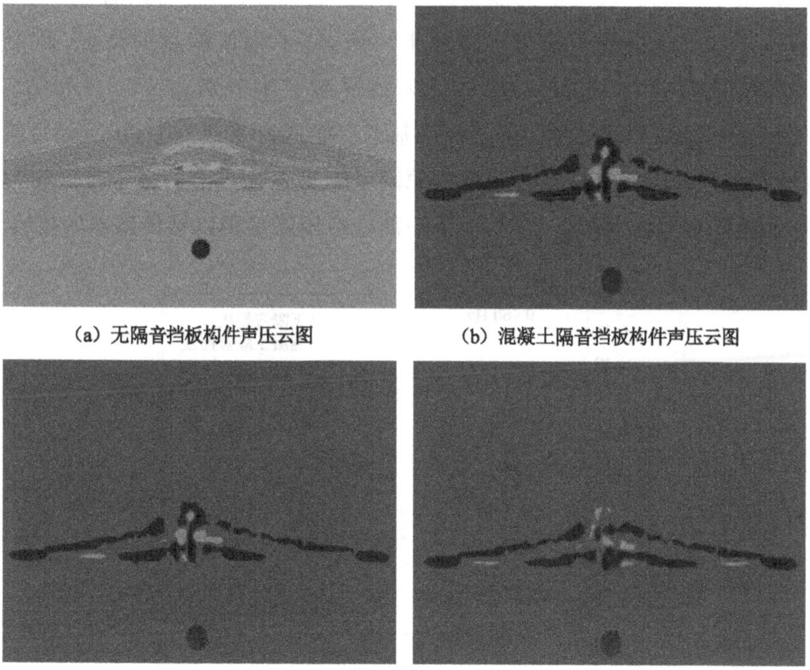

(a) 无隔音挡板构件声压云图　(b) 混凝土隔音挡板构件声压云图

(c) 横纹木材隔音挡板构件声压云图　(d) 吸声胶合板隔音挡板构件声压云图

图 3-21　不同隔音挡板材料声压云图

进一步观察图 3-21(b)～(d)可以发现，在套筒上部左侧 1 cm 隔音挡板处，使用混凝土材料和横纹木材的隔音挡板内部有明显的声压响应，并从挡板左侧穿透出去，而在使用吸声胶合板的隔音挡板中，对比横纹木材和混凝土隔音挡板，隔音挡板内部的声压响应要小得多，大多数直达声波能量都已被隔音挡板表面所吸收。

为进一步分析隔音挡板的不同布置情况对频域信号的影响，下面将列举不同布置情况下的频域信号并进行分析，首先对有无隔音挡板条件下频域信号进行对比分析。

由图 3-22 可知，当布置混凝土隔音挡板时，对比无隔音挡板的情况，在 1～3 kHz 之间的一系列小的频域峰值能量有所减小，说明这部分频域峰值正是由直达声波引起的。同时频域绕射主频幅值的能量也有所降低，这是由于隔音挡板也屏蔽掉了一系列由敲击点上部以及构件右侧由冲击回波模态引起的泄漏波的能量。对比不同材料的频谱图成分可以发现，随着材料吸声性能的增强，由直达声波引起的频域峰值的能量进一步减少。但从图中可以看到 1～2 kHz 的由直达声波引起的峰值信号屏蔽效果一般，基于幅值能量的指标，两个主要直达声波峰值信号(1 650 Hz、2 020 Hz)的屏蔽效率分别为 57.3%和 70.1%，而 3 kHz 左右直达声波信号的屏蔽效率基本都能达到 80%左右，声压信号频率越低，则屏蔽效果越差。造成这种现象的原因可能是直达声波信号中较低频率声压信号在通过隔音挡板时部分绕射，使得一部分声压能量得以被传感器所接收。

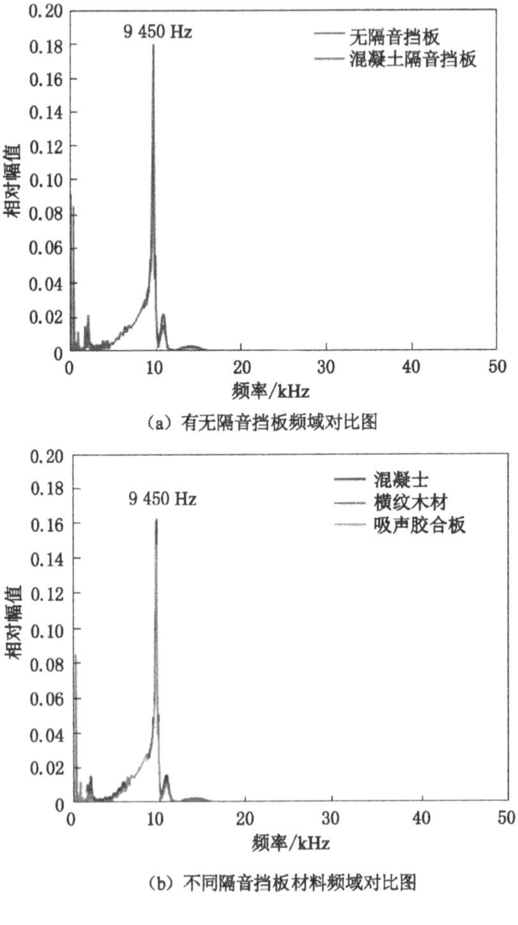

(a) 有无隔音挡板频域对比图

(b) 不同隔音挡板材料频域对比图

图 3-22 有无隔音挡板以及不同隔音挡板材料频域对比图

3.2.1.2　隔音挡板高度选取模拟分析

在前一小节中，我们发现部分较低频率直达声波信号的屏蔽效果一般，初步分析的结论是由于部分声压信号发生了绕射而被传感器所接收。我们在模型中使用的隔音挡板高度设置为 5 cm，然而类比灌浆套筒构件中应力波绕射的现象。当声波遇到障碍物或孔洞时，同样会发生绕射现象，当障碍物尺寸比声波波长大时，我们可以认为声波仍沿着直线传播，当障碍物的尺寸比声波波长小得多时，则声波不是沿着直线传播，而是改变前进的方向绕过障碍，到达直线传播路径的传达盲区。声波绕射情况示意如图 3-23 所示。

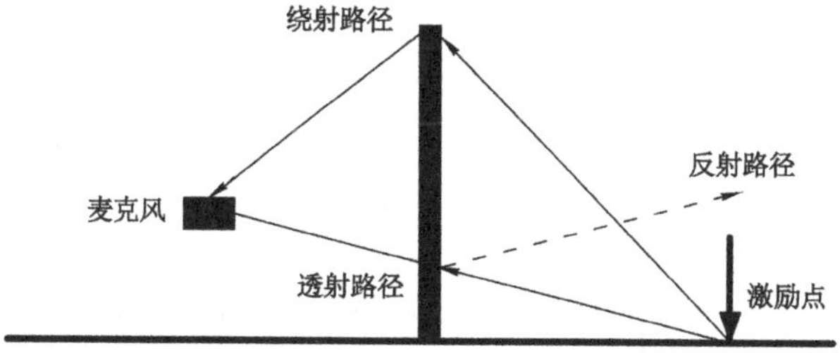

图 3-23　声波绕射情况示意图

人耳能听到的声波，波长在 1.7～17 m 的范围内，所以能绕过一般障碍物。声源的频率越低，绕射现象越明显。如上节频谱图中的结果，由激励产生的直达声波频率主要为 1 000～3 000 Hz，由波长频率公式 $\lambda=\mu/f$ 计算得到声波波长为 11.3～34 cm，所以有必要将隔音挡板高度纳入影响因素的考虑中。在本节中将针对隔音挡板高度对屏蔽效果的影响进行模拟分析。共建立四个模型进行对比分析，隔音挡板高度分别为 5 cm、10 cm、15 cm、20 cm，隔音挡板材料选择为吸声胶合板，其余模型设置情况与前文一致。

如前文所述，在数值模拟的理想情况下，由于 5 cm 高的吸声隔音挡板已经吸收或反射了大部分的直达声波能量，所以在频谱图成分里引起的信号并不明显。为便于观察，将 1～3 kHz 的频域信号进行提取。在本小节中，我们将直达声波引起的两个主要波峰的幅值作为考察指标来分析吸声胶合板隔音挡板高度对屏蔽能力的影响。将四种设置情况下对应 1 650 Hz 和 2 020 Hz（标号为 A、B）的峰值信息（见图 3-24）进行提取，如表 3-8 所列。

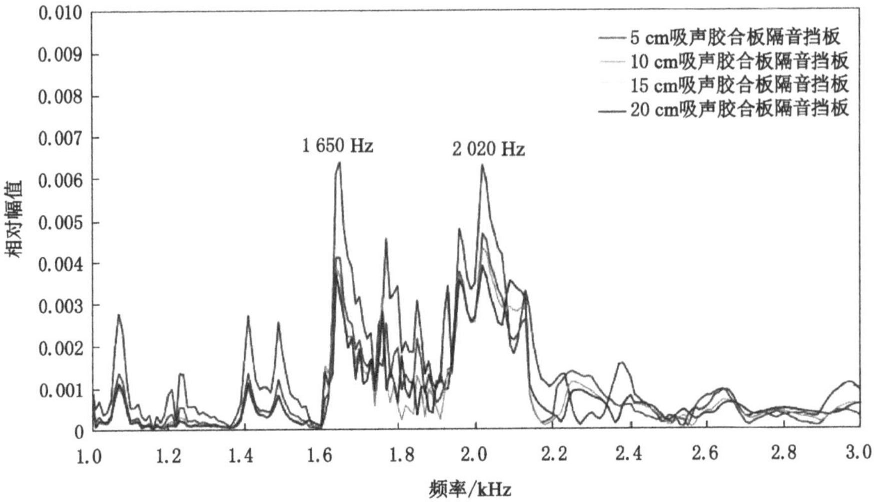

图 3-24　不同隔音挡板高度局部频域信号对比图

表 3-8　不同高度隔音挡板峰值 A、B 幅值统计表

隔音挡板布置情况	峰值 A 幅值	A 屏蔽效率/%	峰值 B 幅值	B 屏蔽效率/%
无隔音挡板	0.014 96	—	0.021 14	—
5 cm 吸声胶合板	0.006 39	57.3	0.006 32	70.1
10 cm 吸声胶合板	0.004 12	72.5	0.004 67	77.9
15 cm 吸声胶合板	0.003 89	74.0	0.004 34	79.5
20 cm 吸声胶合板	0.003 74	75.0	0.003 91	81.6

由表 3-8 可知，将隔音挡板高度从 5 cm 增加至 10 cm 时，由直达声波引起的频域波峰 A 幅值由 0.006 39 下降至 0.004 12，屏蔽效果得到进一步提升。这说明造成这部分频域信号屏蔽效果不佳的原因正是隔音板尺寸较小，声压信号发生衍射从而绕过隔音挡板传播。而通过观察隔音挡板高度为 15 cm 和 20 cm 的频域信号和幅值统计表，当隔音挡板高度由 10 cm 继续增加时，峰值信号没有发生明显的衰减，屏蔽效率只提升了 2.5%，这说明 10 cm 高度的隔音板

已经能够阻止这一区间内直达声波信号的衍射现象。而在常规冲击回波检测中，由混凝土板面激励产生的直达声波频率一般不会低于 1 000 Hz。综合考虑以上情况，隔音挡板高度应当布置在 10～15 cm，此时能够最大限度地减小直达声波对频域信号的影响。

由上可得，添加隔音挡板能够明显减小直达声波对频域信号的影响，选用吸声胶合板并将隔音挡板高度设置在 10 cm 以上时，70%以上的直达声波能量能够得到有效屏蔽。

3.2.2　信号降噪处理方法模拟分析

在传感器采集声压信号时，由于周边环境噪声以及敲击位置直达声波的干扰，不可避免地会对传感器采集到的信号造成影响。本小节考虑采用信号降噪处理的方法隔绝环境噪声和直达声波的干扰。

传统音频信号降噪方法主要分为两类，第一类是单通道音频信号降噪处理方法。该方法主要是依靠噪声和信号在变换域特性不一致，对信号进行自适应滤波，或者由声源信号与噪声信号的不同统计学特性，将不需要的声学信号分离出去。此种方法在干扰源较少或一般机械噪声的处理方面具有较好的效果。在本书中主要介绍谱减法，该方法是最简单的一种单通道音频信号降噪处理方法，在各个领域中的应用也比较成熟。

第二类是多通道音频信号降噪处理方法，也就是麦克风阵列信号处理方法，在本书中主要介绍由 Zelinski[78] 提出的基于理想非相干噪声场的后滤波器模型。由于不同传感器布置位置不同，所以各传感器接收到声源声压信号将产生相对时延，后滤波法的基本思想就是考虑不同传感器接收信号的时延间隔并将其叠加。

在本小节中主要考虑直达声波和机械噪声的影响，建立机械冲击模型以模拟实际检测中的机械噪声，将模拟得到的噪声时域信号加入正常测试的时域信号中，分别使用单通道谱减法和多通道后滤波法对传感器搜集到的信号进行降噪处理。对多通道信号处理方式进行重新建模，布置竖直方向上的信号测点，模拟实地检测麦克风阵列中的均布麦克风阵列。

3.2.2.1　单通道谱减法音频信号降噪处理

谱减法作为一种传统的音频信号降噪处理方法，在各个领域中的应用较为成熟且易于实现。谱减法假定噪声与噪声、噪声与信号之间都是加性关系，并且互不相关。该方法实现流程(见图 3-25)大致为[79]：假设 $x(n)$为带噪声信号的时域复合信号，其中包含所需信号 $y(n)$和噪声信号 $z(n)$，由于如前述假定信号之间都是加性关系，所以有：

$$x(n) = y(n) + z(n) \tag{3-3}$$

其中，n 为信号长度，将所需信号、噪声信号和带噪声信号分别进行快速傅里叶变换得到：

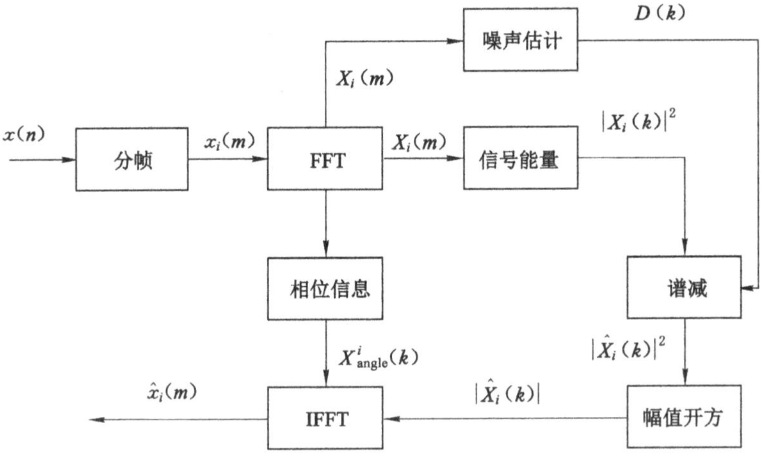

图 3-25　谱减法降噪流程图

$$X(\omega) = Y(\omega) + Z(\omega) \tag{3-4}$$

由于在实际检测过程中，对于信号中的噪声频谱事先并不清楚，但时域信号中由冲击锤激发的激励信号由于在介质中传播时长的原因，并不是从一开始就出现的，且能量会随着时间的增长而减少，所以可以用时域信号前导部分的平均幅度谱估计代替。其中 $X(\omega)$还有一种极坐标表现形式 $X(\omega)=|X(\omega)|e^{j\theta_x(\omega)}$，$|X(\omega)|$为带噪声声压信号的幅度谱，$\theta_x(\omega)$为带噪声声压信号的相位谱，由于相位谱差异主要是运用于对语音信号的可懂度上，这里假定所有信号具有相同的相位谱，同理有 $Y(\omega)-|Y(\omega)|e^{j\theta_y(\omega)}$，$Z(\omega)=|Z(\omega)|e^{j\theta_z(\omega)}$，代入式(3-4)，并由所

有信号的相位谱一致，得到频域谱减的基本形式为：

$$|Y(\omega)|=|X(\omega)|-|Z(\omega)| \tag{3-5}$$

由于我们所需要的就是频域信号，所以不需要再将得到的频域信号考虑相位差进行傅里叶逆变换。

在本小节中为模拟带噪声声压信号 $x(n)$的情况，在 3.2.1.1 小节内容中无隔音挡板工况下的模拟时域信号里加入机械冲击噪声信号 $z(n)$，假定所有信号具有相同的相位谱，通过快速傅里叶变换将带噪声信号的幅度谱和纯机械噪声幅度谱进行差分，最终可以得到谱减后的幅度谱。

如图 3-26 和图 3-27 可知，经过谱减后，由机械噪声引起的频谱成分得到了有效滤波。6 kHz 左右的峰值频率由于时域冲击回波引起的泄漏波信号和噪声信号的干涉发生了偏移，在谱减后依然存在，但相较于带噪声信号频域图，谱减后冲击回波模态引起的峰值频率信号成为主峰已能够明显判别。这说明在空气耦合冲击回波检测中运用单通道谱减法是可行的。由于模拟探究是基于理想条件下的，且机械噪声的时域信号事先已知，而在实际检测中面对检测场合的复杂噪声情况，很难通过幅度谱估计得到噪声信号的频域组成，或由于幅度谱估计时的误差对检测结果造成影响，因此只能说明在稳态简单噪声信号干涉下该方法是可行的。

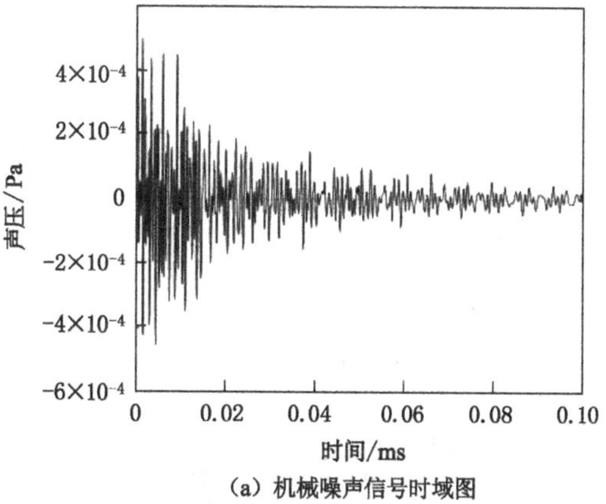

(a) 机械噪声信号时域图

图 3-26　机械噪声信号及带噪声信号时域和频域图

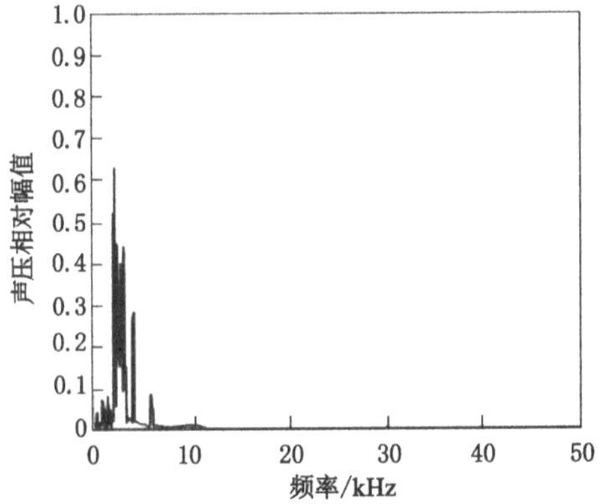

(b) 机械噪声信号频域图

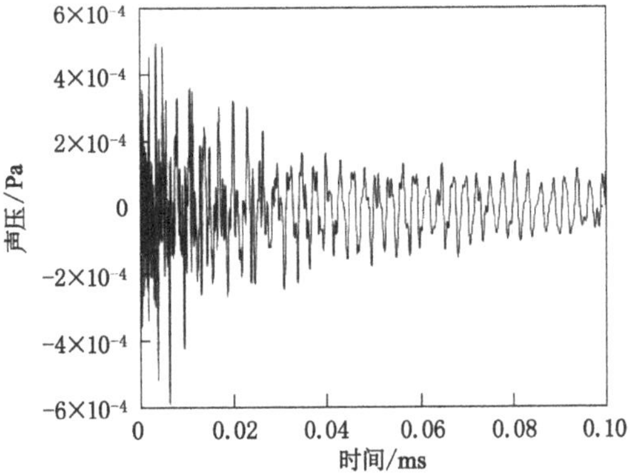

(c) 带噪声信号时域图

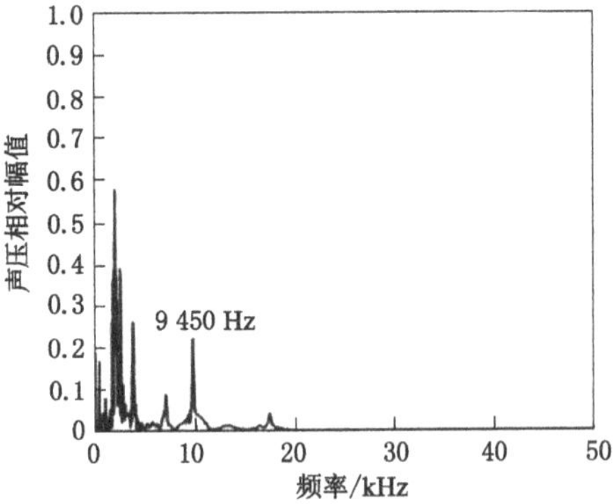

(d) 带噪声信号频域图

图 3-26(续)

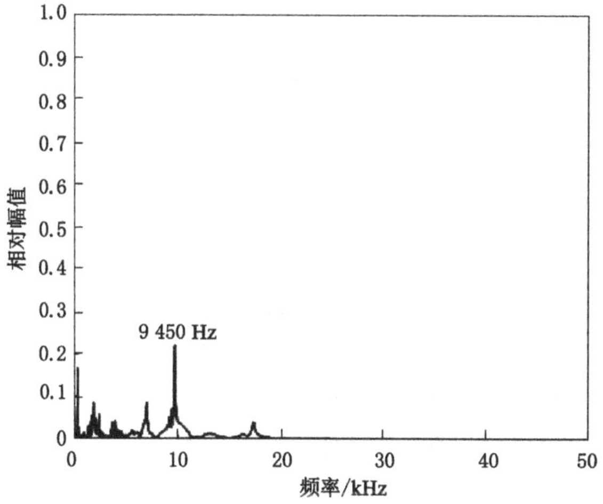

图 3-27　谱减后频域图

3.2.2.2　多通道后滤波法音频信号降噪处理

单通道谱减法在信号降噪处理方面存在着许多不足，仅在处理简单机械噪声或者稳态噪声信号时有较明显的效果，而在处理较复杂噪声信号时，由于仅考虑声压信号中局部仅包含噪声信号或前导部分的信号对噪声进行幅度谱估计，将会在频域信号中产生明显误差。本节引入多通道后滤波法对非稳态的较复杂噪声信号进行降噪处理。

如图 3-28[79] 所示，后滤波法降噪流程为：首先将不同麦克风接收的时域信号考虑时延进行叠加并平均，其次由不同麦克风的频域信号得到信号的自相关谱，其中 $S_{xx}(k)$ 为各独立传感器接收信号的自相关谱，$S_{ss}(k)$ 为最终所求目标信号的自相关谱。

自相关谱的表达式如下：

$$S_{xx}(k)=\frac{1}{M}\sum_{i=1}^{M}\mid X_i(k)\mid^2 \tag{3-6}$$

$$S_{ss}(k)=\frac{2}{M(M-1)}\sum_{i=1}^{M-1}\sum_{j=i+1}^{M}X_i(k)X_j(k),0\leqslant k\leqslant K-1 \tag{3-7}$$

式中：M 为麦克风阵列的通道总数；$X_i(k)$ 和 $X_j(k)$ 分别为时域 $x_i(n)$ 以及 $x_j(n)$ 信号值对应的频域信号值；i 和 j 分别表示不同通道的序号；n 表示时域信号序

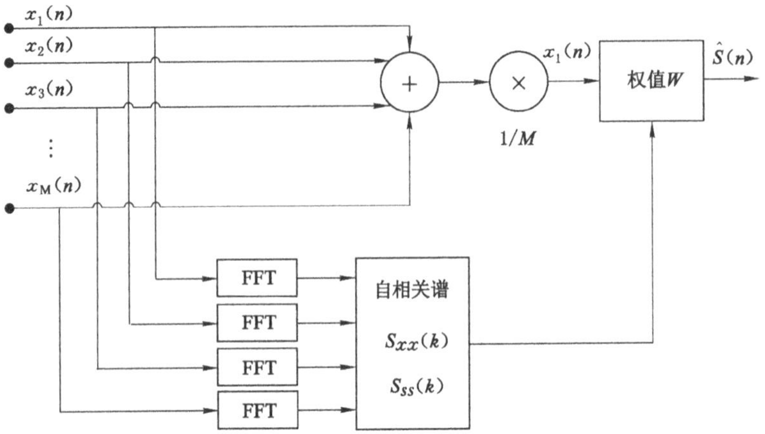

图 3-28　后滤波法降噪流程图

号；k 表示频域信号序号并一一对应；K 为频域信号序列的总长度。

由式(3-6)和式(3-7)可得到经快速傅里叶变换后的时延叠加信号的频域信号滤波权向量序列 $W_0(k)$：

$$W_0(k)=\frac{S_{ss}(k)}{S_{xx}(k)} \tag{3-8}$$

将时延叠加信号进行快速傅里叶变换并由滤波权向量序列进行加权得到滤波后的频域信号，由于我们需要的就是频域信号，与传统后滤波法不同，并不需要对加权得到的频域信号进行傅里叶逆变换。本节建立多通道麦克风模型进行模拟分析，在模型激励位置左侧(－0.03，0.01)至(－0.03，0.09)共布置五个测点，模拟竖直方向布置的五通道麦克风阵列(见图 3-29)。在钢块冲击模型布置位置三等分点分别施加作用时间为 40 μs、10 μs、80 μs 的三种激励模拟多个复杂噪声源工况。其余模拟参数以及激励设置同 3.2.1 小节。

将采集到的阵列时域信号与噪声时域信号叠加，我们采用计算的方法来确定各麦克风接收泄漏波信号的时延情况。声压信号在空气中的传播速度按 340 m/s 计，将1 号麦克风作为参照组，2～5 号麦克风的时延依次为 0.031 8 ms、0.078 5 ms、0.131 0 ms、0.186 0 ms。将各麦克风带噪信号考虑时延叠加平均，并将叠加后的信号进行快速傅里叶变换，得到的叠加信号时域图如图 3-30 所示。

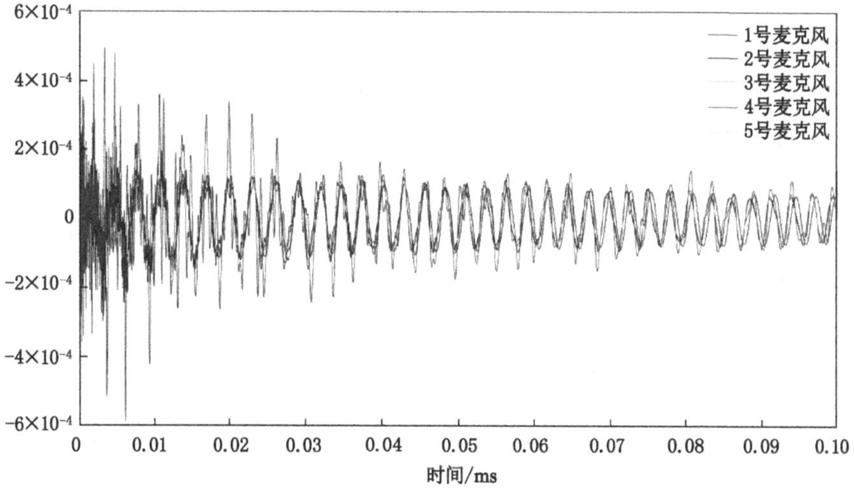

图 3-29　阵列声压信号队列图

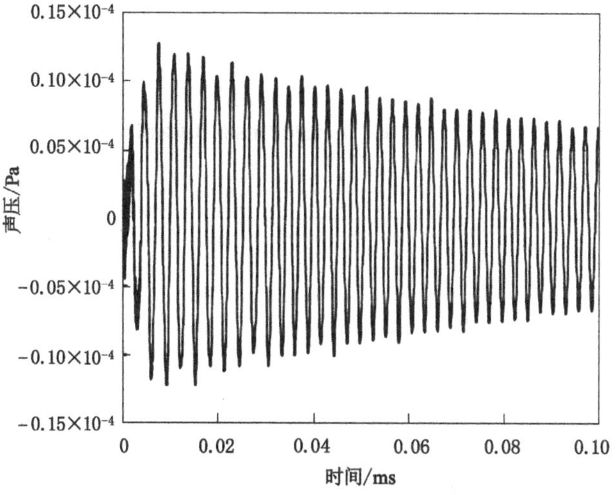

图 3-30　叠加信号时域图

将时延叠加信号进行快速傅里叶变换并由滤波权向量序列进行加权得到滤波后的频域信号。

由图 3-31 可得，经由后滤波法频域信号加权处理后，噪声信号在频域图中的幅值大小显著降低，可以明显观测到绕射主频峰值。并且较单通道谱减法，后滤波法不需要对噪声信号进行谱估计，在包含复杂噪声信号作业情况下同样有效。谱减法和后滤波法作为应用较为成熟的信号处理方法，比较广泛地应用于语音信号评估等领域。而由于我们对灌浆套筒密实度评估的主要依据是主频偏移以及频域幅值能量的减少，故无须和传统语音信号处理方法一样对最终得到的频域信号进行傅里叶逆变换，并且不需要对因相位谱的差异引起的语音失真问题进行考虑。

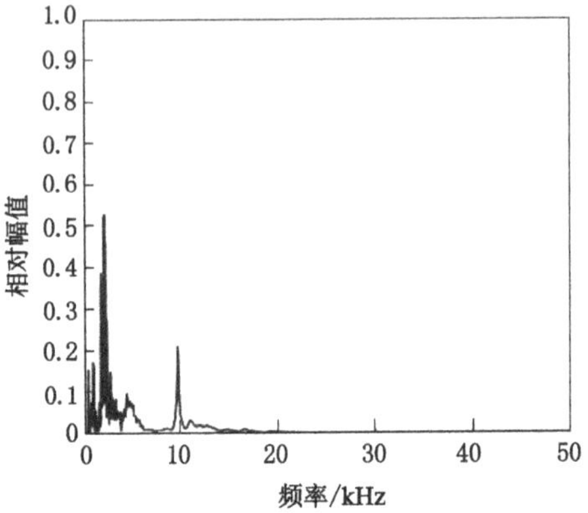

(a) 加权处理前叠加信号频域图

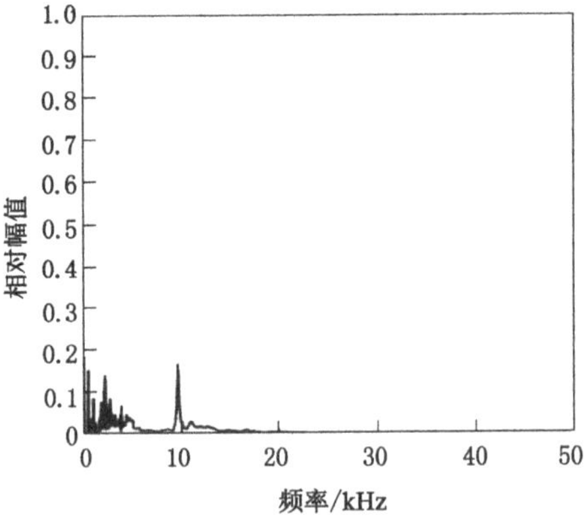

(b) 加权处理后叠加信号频域图

图 3-31　加权处理前后叠加信号频域图

3.3　基于空气耦合冲击回波的灌浆套筒密实度检测试验分析

前文我们通过数值模拟手段验证了基于空气耦合的冲击回波检测方法在套筒缺陷检测中的适用性,并分析了测点布置位置、激励接触时间等因素对频域信号的影响。通过对照空气耦合与传统接触式方法的数据分析结果发现频域信号中冲击回波主频峰值一致,并且频谱结果较传统接触式方法得到的频谱结果更为清晰,说明基于空气耦合的冲击回波方法可行。但在数值模拟中构件材料属性、敲击力的选取等要素都偏理想化,与实际检测中现场情况相比有一定区别。因此,在本节开展进一步的空气耦合冲击回波的灌浆套筒密实度检测试验探究,并与数值模拟得到的结论进行比较,验证基于空气耦合的冲击回波检测方法在灌浆套筒实际检测中的可行性。

3.3.1　试验设备及试件布置情况

3.3.1.1　试验试件

在装配式混凝土结构中,灌浆套筒主要作为剪力墙与梁柱之间的连接件,一般布置在剪力墙底部并具有一定的坐浆高度。参考实际工程中灌浆套筒剪力墙结构布置情况,试验试件设置如下:

混凝土采用C40商业混凝土,灌浆料以及套筒的选取参照相关国家现行规范,灌浆料用量按照设计密实度乘以100%密实度时所用灌浆料体积确定,且各试件均为竖向灌浆。灌浆套筒选用OVMGTZQ系列GTZQ4-25全灌浆套筒,套筒外径为67 mm、内径为48 mm,套筒全长为510 mm。连接钢筋选用公称直径为25 mm的带肋钢筋,套筒上侧保护层厚度为5 cm。试件尺寸为0.3 m×0.5 m×0.6 m,灌浆套筒为竖向连接件,最常见的缺陷情况就是上部脱空,故本节考虑基于上部脱空的缺陷情况进行试验。在试件中共设置3个孔道,分别为全灌浆工况、上部脱空工况、无灌浆工况。试件具体设计情况如图3-32所示,GTZQ4-25全灌浆套筒如图3-33所示。

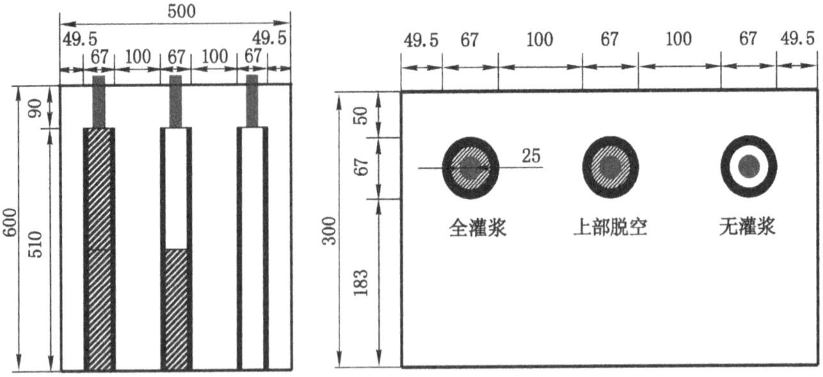

图 3-32　试件设计

图 3-33　GTZQ4-25 全灌浆套筒

试件及测点布置情况如图 3-34 所示，测点布置在各套筒中心线正上方，考虑边界效应的影响，在距边界 10 cm 处布置第一个测点，各测点之间间距为 3 cm。

3.3.1.2　试验设备

(1) PCB 空气耦合传感器

由美国 PCB 公司生产的测试麦克风，其直径只有 6.3 mm，具有高频接收性能(3～80 kHz)，同时有着高灵敏度(4 mV/Pa)。这种麦克风具有便携性和超宽的频率接收范围等优点，非常适合应用于空气耦合冲击回波检测研究。

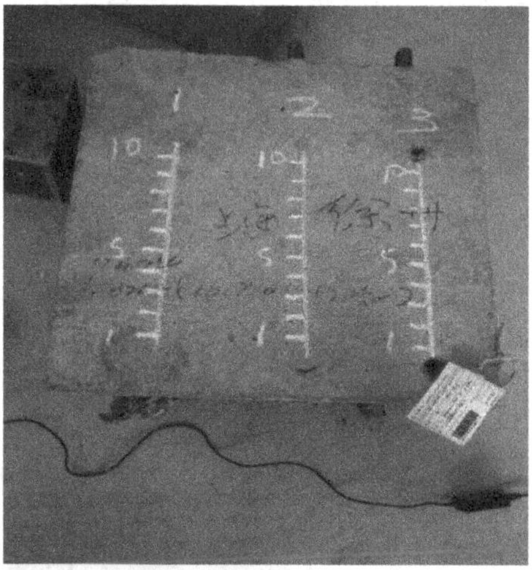

图 3-34　试件与测点布置

（2）双通道 PicoScope 示波器

由英国 PicoTech 公司生产的 PicoScope 示波器[见图 3-35(a)]能够通过 USB 线连接到 PC 端，从而将信号传输到电脑，方便进行下一步的分析。部分试验器具如图 3-35 所示。

（a）PicoScope示波器

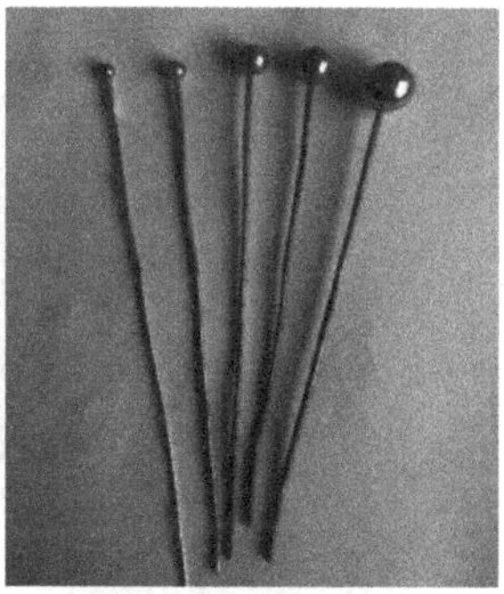

（b）不同直径的冲击锤

图 3-35　部分试验器具

（3）基于 LabVIEW 的虚拟空气耦合冲击回波数据采集处理系统

基于 LabVIEW 开发的虚拟仪器，能够进行双通道接触式和非接触式信号的数据采集工作(见图 3-36),同时将采集到的信号进行处理,将时域和频域信号显示在窗口位置。

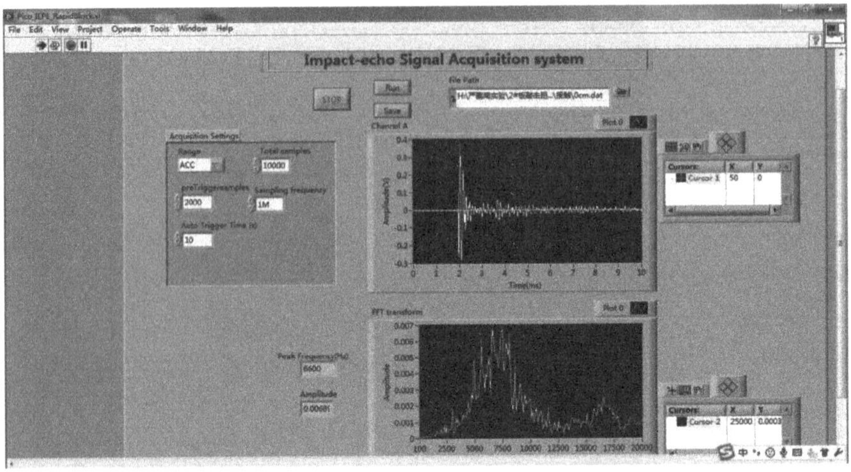

图 3-36　LabVIEW 双通道信号采集系统界面

(4) PCB 三通道信号放大器

在示波器和传感器之间接入 PCB 三通道信号放大器(见图 3-37)以提高信号质量。

图 3-37　PCB 三通道信号放大器

试验数据采集流程示意如图 3-38 所示。

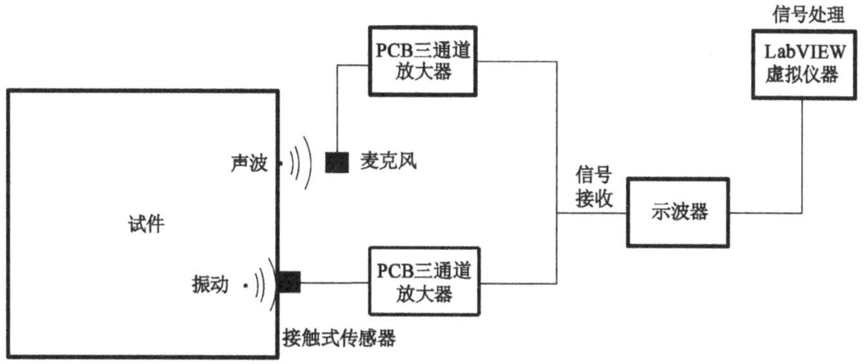

图 3-38　试验数据采集流程示意图

3.3.2　套筒不同测点位置影响分析

3.3.2.1　试验方案

由本章数值模拟结果可知，水平和竖直方向测点布置位置不会对频域峰值频率产生影响，但会影响信号能量的大小。由于在数值模拟中各项参数及构件的建立都是基于最理想化的情形，因此有必要对实际工况下测点位置影响因素进行试验探究。

同时由 3.1.3.4 小节数值模拟结果可知，为使绕射频率能量较高且易于观测，我们选取直径较大（12 mm）的小球作为激励源，选取 3 号无灌浆工况套筒进行试验。对竖直和水平两个方向上测点位置的影响进行探究。

激励位置选取为套筒中心线正上方，首先进行水平方向上的测试，考虑到套筒间距，为避免测点布置于其他套筒上方对应力波的传播产生影响，测点距敲击点水平距离设置为 1 cm、3 cm、5 cm、7 cm、9 cm、12 cm，测点布置高度选取为 3 cm。在水平方向，试验完成后选取最合适的水平位置进行竖直方向上的试验探究，竖直方向测点高度设置为 1 cm、3 cm、5 cm、7 cm、9 cm、12 cm、15 cm。

在试验开始前首先使用反推法对试件中应力波传播的波速进行测定。在试件表面（下部无套筒）共布置两条测线共 20 个测点，逐一进行敲击试验并收集厚度频率峰值数据，对剔除异常值后的厚度频率峰值求平均值，求得的平均峰值频率为 6 636 Hz，由冲击回波经典公式反推得到的应力波波速为

4 147.5 m/s，本书取 4 150 m/s 作为构件中应力波传播波速。

3.3.2.2 试验结果与分析

空气耦合传感器水平方向试验信号结果如图 3-39 所示。我们选取有代表性的 3 cm 工况和 12 cm 工况作为典型工况进行比较。

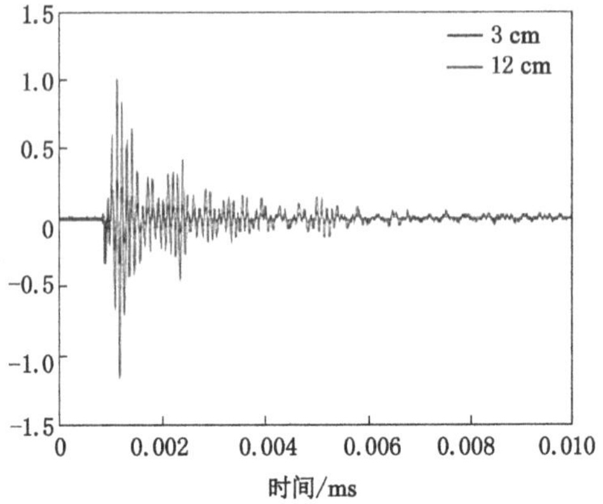

(a) 3 cm与12 cm时域信号对照图

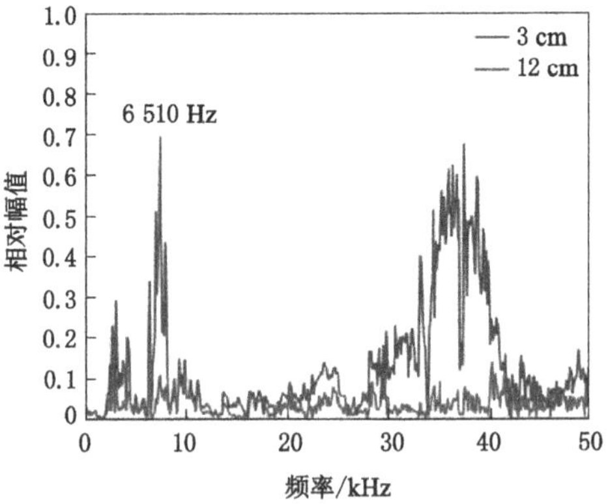

(b) 3 cm与12 cm频域信号对照图

图 3-39 空气耦合传感器水平方向试验信号结果图

构件厚度为 30 cm，由表 3-2 中 GTZQ4-25 灌浆套筒规格数据，计算得到的绕射路径长度为 61.24 cm，由冲击回波经典公式计算得到的理论绕射频率为 6 505 Hz，在图 3 40 中以黑线表示。由图 3-39 可知，与数值模拟结果类似，选取的水平距离分别为 3 cm 和 12 cm 的频域信号，在测点水平距离较近时，频域信号峰值明显，而当测点水平距离扩大到 12 cm 时，信号发生了较大衰减，此时由于绕射信号对应的频域信号峰值衰减较快，已经不是频域的主频峰值信号，而频谱中包含较多频谱成分，在实际检测中将对主频的判别产生影响。由图 3-40 可知，当测点水平距离低于 10 cm 时，时域信号中的主频峰值都集中在理论频率附近，可以发现在测点水平距离大于 10 cm 时，对应绕射频率的峰值信号依然存在，但主频峰值发生了较大的偏移，不再是频域主频峰值。

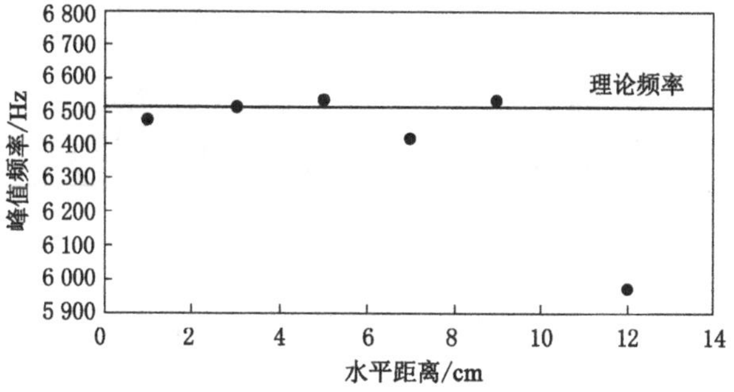

图 3-40　不同水平位置峰值信号散点图

基于上述对水平测点位置影响试验分析，选取在水平距离 3 cm 处布置测点，进行竖直方向上测点布置位置试验探究，为便于辨别，我们取 3 cm、7 cm、12 cm、15 cm 作为典型工况进行比较。

由图 3-41 和图 3-42 可得，测点高度对频谱成分以及峰值频率的大小影响不大，都稳定在理论计算的绕射频率 6 505 Hz 左右，但对信号能量的大小有所影响，且随着测点高度的增大，信号能量下降的幅度越发明显。当测点高度达到 15 cm 时，幅值大小已不足测点高度为 1 cm 时幅值能量的 40%，且此时的频域峰值不再是对应套筒绕射频率的峰值信号，这将对测试结果的判定产生影响。

然而无论是在对竖直还是水平测点工况的测试中，与空气耦合带套筒构件数值模拟结果不同的是，在实际检测结果中除绕射频率峰值外，还能够观测到明显的套筒外壁反射的频域信号，通过对数值模拟频域信号的进一步分析发现，套筒外壁的反射频率也存在，只是相对于绕射主频幅值能量过小，因此在频

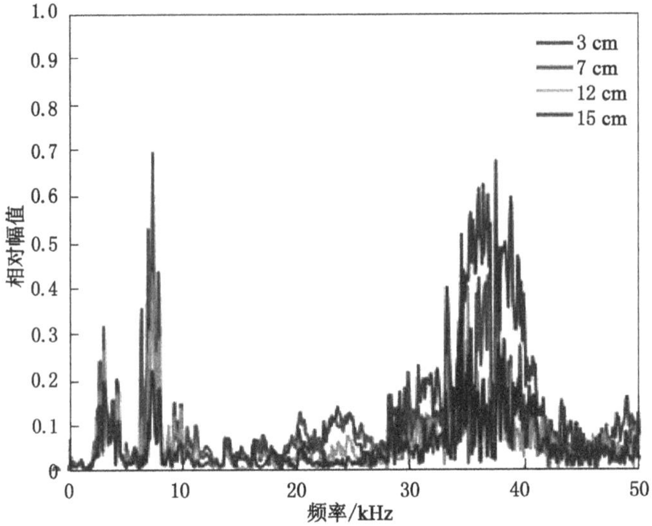

图 3-41　不同测点高度频域信号对照图

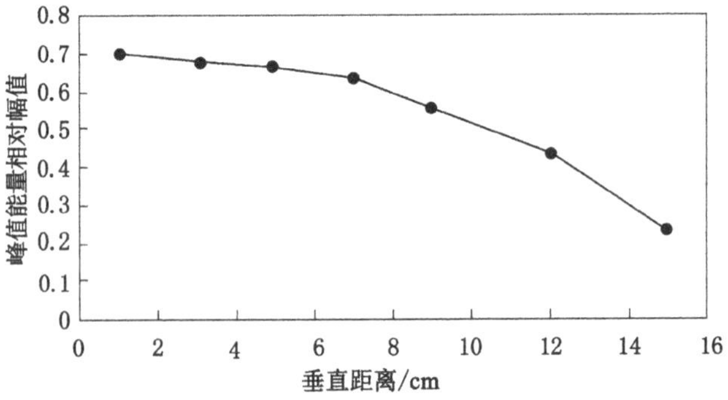

图 3-42　不同测点高度峰值能量相对幅值散点折线图

域图中没有显现。

在测点水平距离控制在 10 cm 以内时，频域幅值能够较明显地观测到，不会由于频域成分中其他峰值的影响而误判绕射主频峰值。对于竖直方向测点高度的选取，在测点高度选取为 10 cm 内时，绕射主频峰值信号的能量衰减幅度较小，且在测点高度为 5 cm 内时基本没有明显衰减。因此基于以上分析以及便于试验操作的考虑，取测点水平距离和测点高度均为 3 cm 较为合适。

3.3.3　不同小球直径影响分析

3.3.3.1　试验方案

第 3 章数值模拟结果显示，在灌浆套筒空气耦合冲击回波检测中，激励作用时间以及激励频率的变化不会对检测结果产生明显影响。但在实际模型试验检测中发现冲击锤尺寸的选取与试验结果有关联，与数值模拟结果有一定出入。为验证在实际检测中冲击锤尺寸对灌浆套筒空气耦合冲击回波检测结果的影响情况，本小节选取不同尺寸的冲击锤，小球直径分别为 3 mm、5 mm、8 mm、12 mm、15 mm、20 mm，并分别针对套筒全灌浆以及无灌浆的工况对模型试件进行检测。基于 3.3.2 小节中关于测点位置影响因素的探究，测点布置取距激励位置水平方向 3 cm、竖直方向高度 3 cm 处。

3.3.3.2　试验结果与分析

两种不同灌浆工况下小球直径分别为 3 mm、8 mm、12 mm、20 mm 的冲击回波泄漏波采集数据频域结果，如图 3-43 和图 3-44 所示。

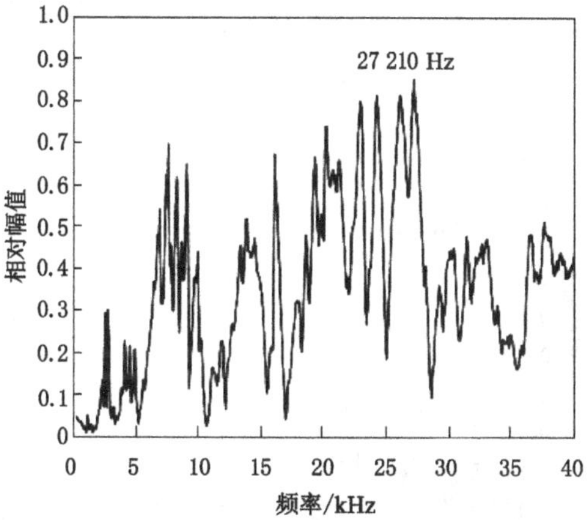

(a) 全灌浆3 mm直径小球

图 3-43　不同小球直径全灌浆工况频域结果

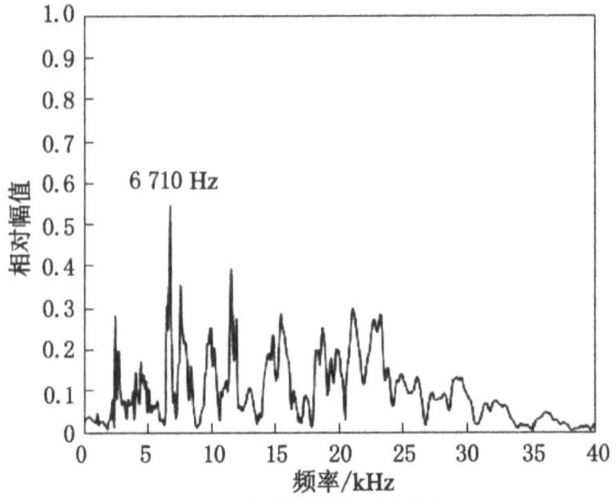

（b）全灌浆8 mm直径小球

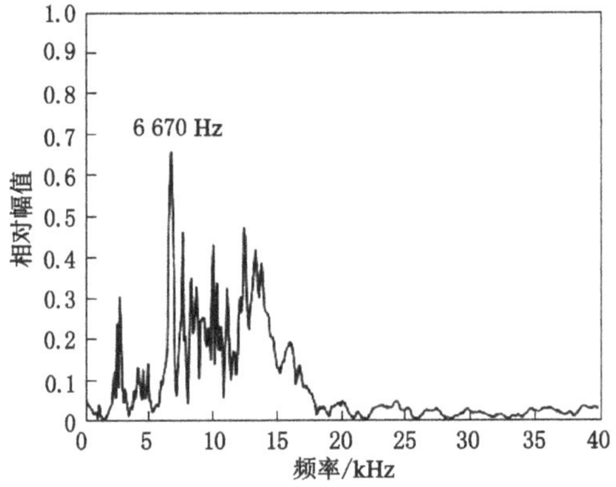

（c）全灌浆12 mm直径小球

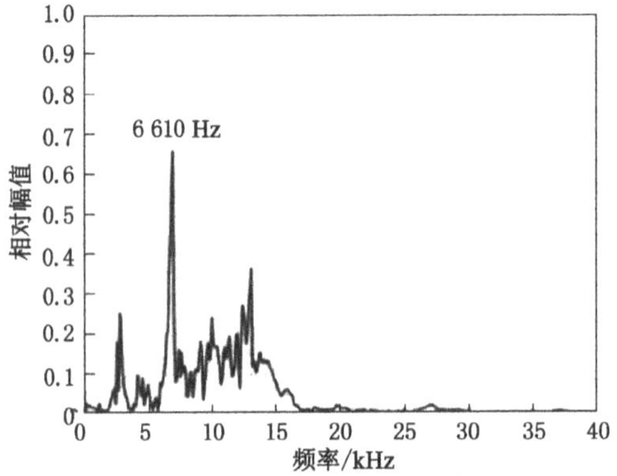

（d）全灌浆20 mm直径小球

图 3-43（续）

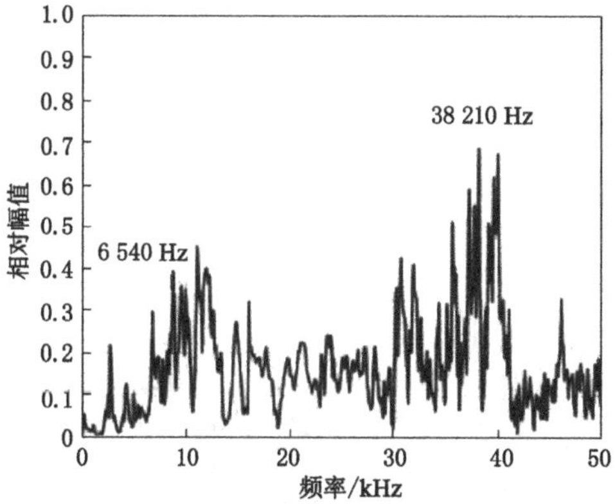

(a) 无灌浆3 mm直径小球

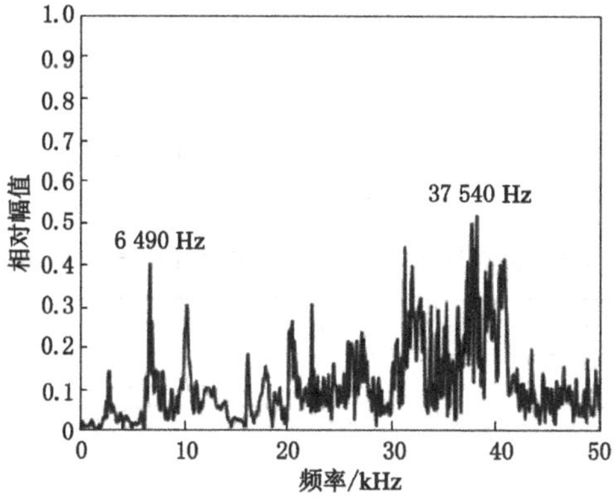

(b) 无灌浆8 mm直径小球

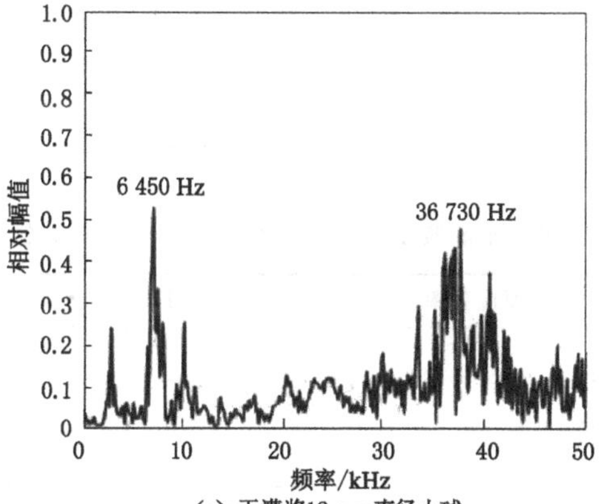

(c) 无灌浆12 mm直径小球

图 3-44　不同小球直径无灌浆工况频域结果

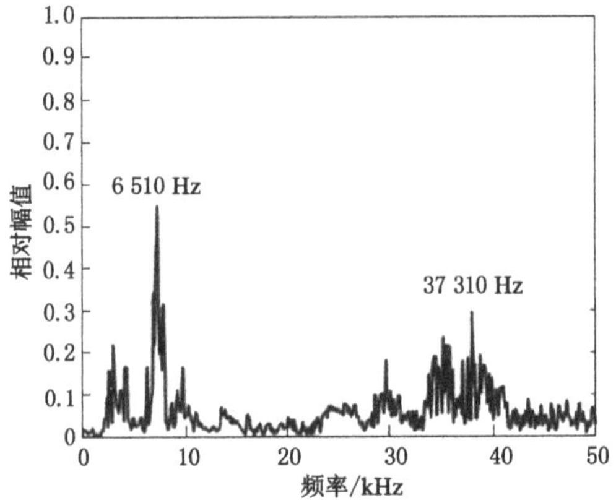

(d) 无灌浆20 mm直径小球

图 3-44(续)

两种不同灌浆工况下不同小球直径信号统计结果如表 3-9 和表 3-10 所列。

表 3-9　全灌浆工况下不同小球直径信号统计结果

工况	小球直径/mm	理论厚度频率/Hz	实测主频峰值频率/Hz	相对误差/%
全灌浆	3	6 640	27 210	—
	5		21 560	—
	8		6 710	1.05
	12		6 670	0.45
	15		6 580	0.90
	20		6 610	0.45

表 3-10　无灌浆工况下不同小球直径信号统计结果

工况	小球直径/mm	理论厚度频率/Hz	实测绕射频率/Hz	实测反射频率/Hz	偏移值/Hz
无灌浆	3	6 640	6 540	38 210	100
	5		6 470	31 290	170
	8		6 490	37 540	150
	12		6 450	36 730	190
	15		6 410	35 680	230
	20		6 510	37 310	130

通过以上图表的数据结果，基于 30 cm 平板厚度的理论厚度频率为 6 640 Hz，全灌浆工况下，由于套筒内部密实灌浆饱满，应力波在到达套筒后发生透射，并且由于套筒壁厚较小，不会影响频域厚度频率峰值，与平板工况类似。但由于实际构件中混凝土难以保证均质，将使信号峰值产生一定的误差，通过表 3-9 可以发现，当小球尺寸大于 8 mm 时，主频峰值频率稳定在 6 600 Hz 左右，与理论厚度频率对应，并且误差很小。而当选用小球尺寸较小时，频域信号成分较为复杂。当小球直径为 3 mm 时，频域信号中主频峰值频率为 27 210 Hz，此时无法采集到有效的冲击回波响应信号，只有当小球直径在 8 mm 及以上时才能明显观测到冲击回波模态对应的厚度峰值信号。套筒无灌浆工况与全灌浆工况类似，当小球尺寸较小时频域成分比较复杂。当小球直径为 3 mm 时，频域信号里能够发现对应绕射频率的峰值信号，但能量较小；当小球直径大于 12 mm 时，对应绕射频率的峰值成为频域主频峰值，将实测绕射频率与理论厚度频率比较，可以发现明显的频率偏移现象。

值得注意的是，在无灌浆工况下除理论厚度频率外，无论小球直径如何选取，都可以发现在 30～40 kHz 之间存在一系列频域峰值，并且当小球直径较小时，这一区间的频域峰值信号更为明显。与传统板式结构不同的是，套筒外表面为带弧度的圆弧状表面，应力波信号在传达至套筒外壁时，由于套筒未灌浆应力波无法发生透射，除一部分应力波发生绕射外，还有一部分能量在到达套筒后发生反射，但与板式结构缺陷不同，应力波传达至套筒上表面时由于弧度的影响，不会产生固定的缺陷频率，而是以一系列频域峰值的形式出现在频域图中。通过计算发现，保护层厚度为 5 cm 布置的 GTZQ4-25 灌浆套筒基于上壁的不同位置(这里取水平角度 45°为界限)对应的频域信号频率介于 31 370～39 840 Hz 之间，与试验结果对应。由此可以判定试验结果中的一系列高频峰值对应的是应力波传达至套筒上壁发生反射的缺陷频率。

同时由上可得，在套筒无灌浆工况下，当小球直径较小时，由激励产生的冲击能量较小力的作用频率较高，产生的应力波在混凝土材料中的衰减较快，在接触到套筒上壁时，由于套筒布置较浅，相较于绕射的应力波能量在混凝土中的衰减过程较短，此时频域信号中基于应力波反射的峰值信号能量较高。而当小球直径较大时，由激励产生的应力波频率较低、波长较长，在遇到缺陷时更易发生绕射现象，并且在混凝土中的衰减较慢，此时频域信号中对应绕射现象的频域峰值较高。

综合以上分析，在对灌浆饱满度进行检测时，由于缺陷情况事先未知，不宜选用直径较小的小球作为激励源，选用的小球直径应在 12 mm 以上，此时绕射频率和反射频率在频域信号中都易于观测，可以根据绕射频率的偏移情况判断缺陷位置。

3.3.4 不同灌浆缺陷工况检测与密实度判定指标改进

3.3.4.1 试验方案

本次试验基于冲击回波法，通过小球对构件表面施加概率，对套筒各测点灌浆密实度进行定性判断。其中 1 号套筒为全灌浆工况，2 号套筒 1～5 测点为灌浆密实工况，6～10 测点为上部脱空工况，3 号套筒为无灌浆工况，在布置测点时要综合考虑测点的数量和位置，以确保检测结果的准确性。测点划分越密，其接收到的数据结果越详细，但是会增加检测的工作量、降低检测效率。因此取测点间距为 3 cm。如图 3-45 中每个套筒布置 10 个测点，共 30 个测点。每个测点激振 2 次。传感器布置位置由 3.3.2 小节所述，布置在距激励位置水平距离 3 cm 处，布置高度也设置为 3 cm。综合 3.3.3 小节所述，选取较大直径(20 mm)的小球作为激励源。

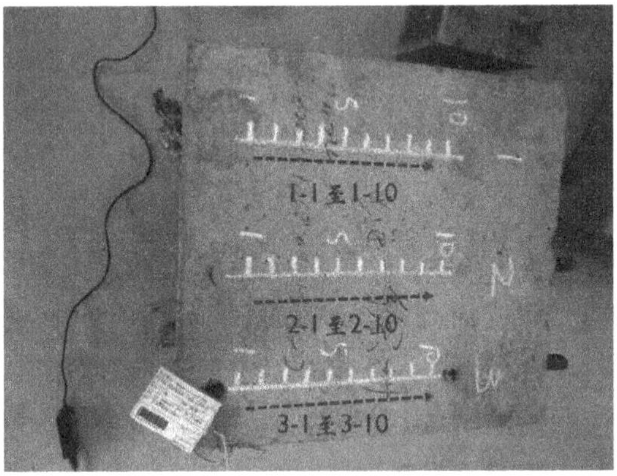

图 3-45　试件测线布置图

由于在本次试验中同时采用空气耦合传感器和接触式传感器进行检测，在测试开始前需要对待测表面进行预处理，使得传感器黏合耦合剂时不会由于表面浮灰的影响而脱落，并且也能减小外在因素对激励过程的影响，保证冲击回波响应信号的准确度。

试验准备完成后用双通道 PicoScope 示波器连接加速度传感器和空气耦合传感器，依次在套筒不同测点上侧板面进行敲击，采集并存储试验数据。

3.3.4.2　试验结果及分析

测点 1-3、2-3、3-3 的加速度传感器和空气耦合传感器频域信号如图 3-46 所示。

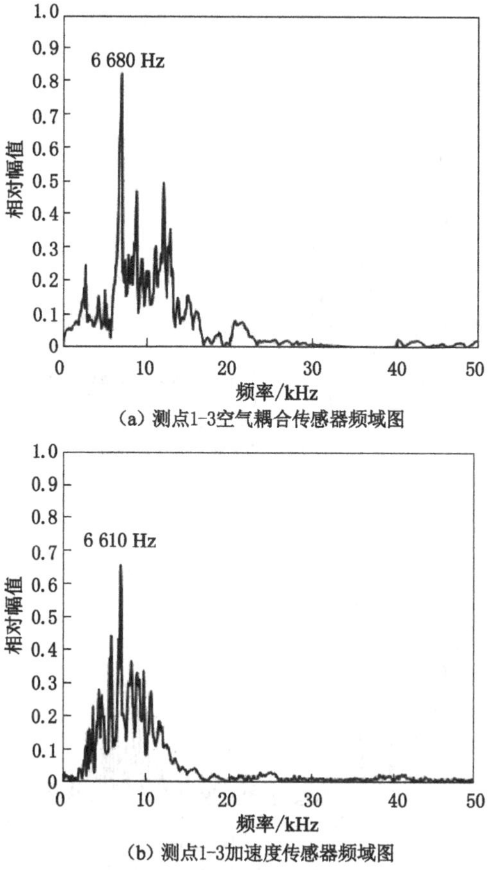

(a) 测点1-3空气耦合传感器频域图

(b) 测点1-3加速度传感器频域图

图 3-46　测点 1-3、2-3、3-3 处两种传感器频域图

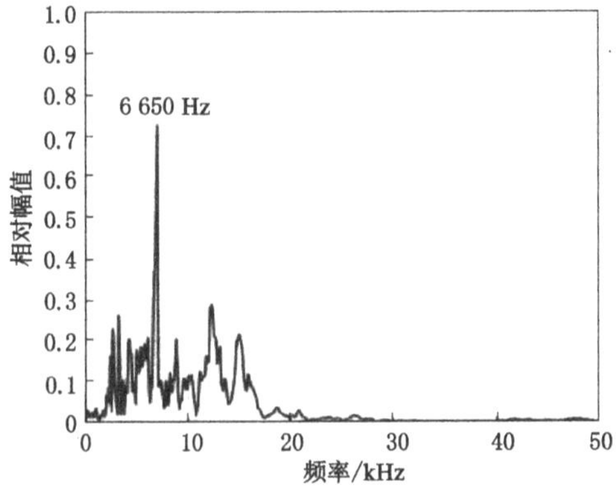

(c) 测点2-3空气耦合传感器频域图

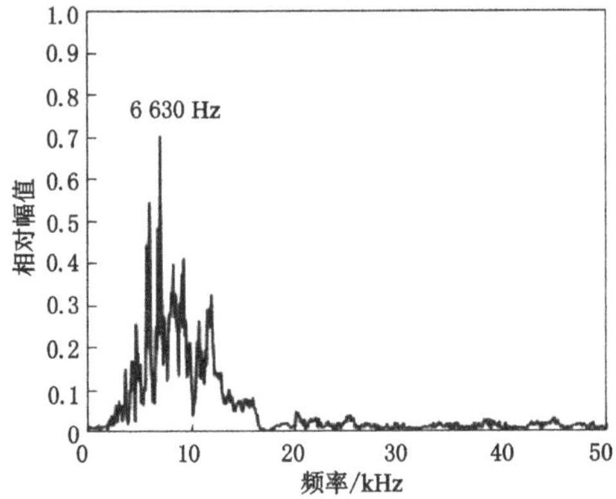

(d) 测点2-3加速度传感器频域图

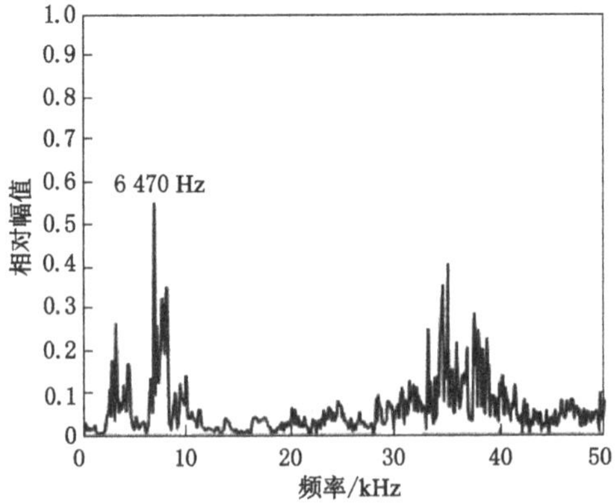

(e) 测点3-3空气耦合传感器频域图

图 3-46(续)

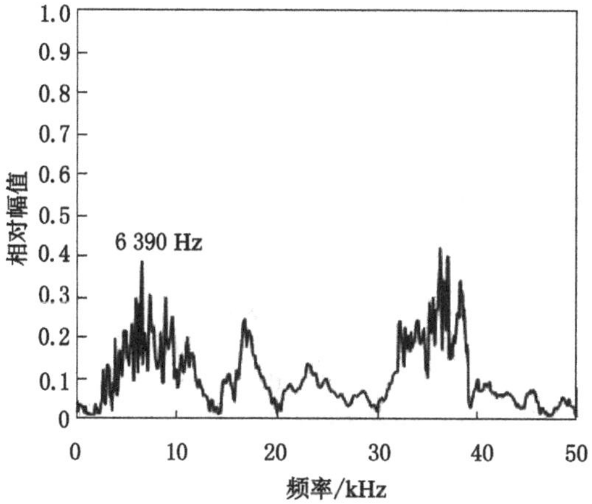

(f) 测点3-3加速度传感器频域图

图 3-46(续)

为进一步分析构件不同工况条件下的检测结果，将各测点两种传感器的频域峰值信号结果进行统计，如图 3-47 所示。

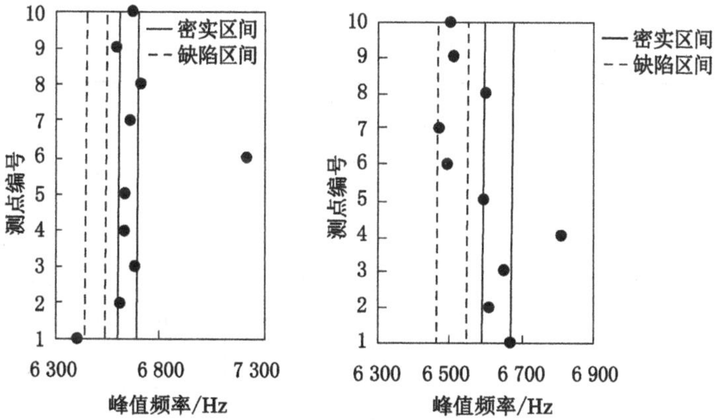

(a) 1号套筒峰值信号分布图　　(b) 2号套筒峰值信号分布图

图 3-47　各套筒测点峰值信号分布图

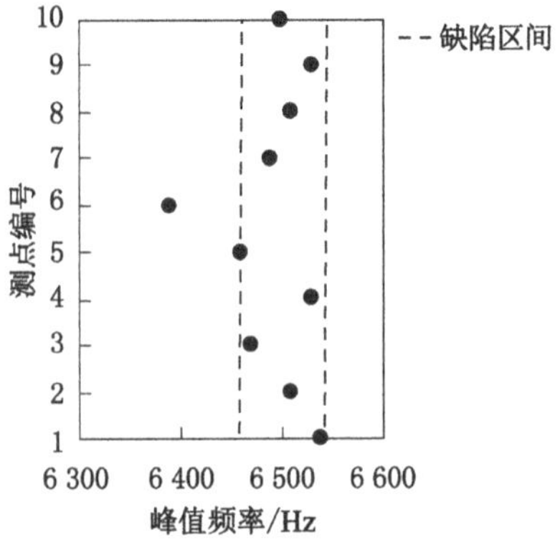

(c) 3号套筒峰值信号分布图

图 3-47(续)

基于绕射路径的长短，一般情况下频域信号的偏移程度差异很小，在本小节中基于频率偏移的现象建立指标，将理论偏移值的 30％作为允许误差值，将信号结果区分出来并进行判别，如图 3-47(a)、(b)中实线和虚线范围内区间所示，分别作为判定套筒灌浆饱满以及缺陷情况的依据，整理信号数据以及各测点判定结果如表 3-11～表 3-13 所列。

表 3-11　1 号套筒各测点检测及判定结果

测点编号	理论厚度频率/Hz	理论绕射频率/Hz	实测频率/Hz	偏移值/Hz	实际工况	判定结果
1			6 410	230	密实	—
2			6 610	30	密实	密实
3			6 680	－40	密实	密实
4	6 640	6 505	6 630	10	密实	密实
5			6 630	10	密实	密实
6			7 220	—	密实	—
7			6 660	－20	密实	密实
8			6 710	－70	密实	—
9	6 640	6 505	6 590	50	密实	—
10			6 670	－30	密实	密实

表 3-12　2 号套筒各测点检测及判定结果

测点编号	理论厚度频率/Hz	理论绕射频率/Hz	实测频率/Hz	偏移值/Hz	实际工况	判定结果
1	6 640	6 505	6 670	−30	密实	密实
2			6 610	30	密实	密实
3			6 650	−10	密实	密实
4			6 810	−170	密实	—
5			6 590	50	密实	—
6			6 490	150	缺陷	缺陷
7			6 470	170	缺陷	缺陷
8			6 600	40	缺陷	密实
9			6 510	130	缺陷	缺陷
10			6 500	140	缺陷	缺陷

表 3-13　3 号套筒各测点检测及判定结果

测点编号	理论厚度频率/Hz	理论绕射频率/Hz	实测频率/Hz	偏移值/Hz	实际工况	判定结果
1	6 640	6 505	6 540	100	缺陷	缺陷
2			6 510	130	缺陷	缺陷
3			6 470	170	缺陷	缺陷
4			6 530	110	缺陷	缺陷
5			6 460	180	缺陷	缺陷
6			6 390	250	缺陷	—
7			6 490	150	缺陷	缺陷
8			6 510	130	缺陷	缺陷
9			6 530	110	缺陷	缺陷
10			6 500	140	缺陷	缺陷

由图 3-46 可知，在两种传感器采集到的信号结果中，都能够明显观测到基于传播路径的峰值频率。但麦克风信号的频域结果较为杂乱，这是由于空气耦合传感器受周边环境以及直达声波的影响较大，而接触式传感器作为传统的冲击回波检测手段，由于直接接触构件表面采集振动信号，受外界环境因素的影响较小。但接触式方法需要对试块表面预处理，并在传感器和构件接触面黏合

耦合剂，检测效率较低。

由图 3-47 和表 3-11～表 3-13 可知，1 号套筒布置虽为全灌浆工况，但在基于空气耦合冲击回波法的检测结果中在 1 号和 6 号测点位置分别出现了 6 410 Hz 和 7 220 Hz 的异常值，基于偏移值的判定指标，1、6、8、9 号测点位置由于峰值频率差异较大，套筒的灌浆密实情况无法准确判别。在 2 号套筒 8 号测点处偏移值为 40 Hz，得出了套筒灌浆密实的结论与实际情况不符。同样在 3 号套筒中也出现了无法判别的情况。造成这种情况的原因是基于偏移值的判定指标相较于峰值频率本身过小，而实际检测中由于环境噪声、敲击力度等不可确定因素将会对频谱成分及峰值频率的大小造成影响，由于绕射引起的偏移现象极易被抵消或加强。除上述测点外，在其余测点的检测结果中都观测到了较好的厚度频率向低频偏移的现象，在三种套筒工况中检测结果的准确率分别为 60%、70%、90%。虽然大多数情况下能够得到与实际情况相符合的结论，但显然达不到真正应用的标准。

在实际检测中可以对多次检测的结果求平均再进行判定，或者主观判别剔除异常值重新检测的方法减小或消除由其他客观因素对频域信号峰值造成的影响，但由于偏移指标过于敏感，检测精度仍然难以保证。

3.3.4.3 缺陷判定指标的改进

基于 3.3.4.2 小节所述，将频率偏移指标作为灌浆缺陷判定的依据很难保证检测结果的准确性，实际检测中峰值频率的大小会受到环境噪声、敲击力度等客观因素的影响，在同一个测点位置进行多次检测得到的结果都会有细微差别，而偏移值的微小差异相较于峰值频率本身很容易被掩盖。本小节将尝试建立新的套筒灌浆缺陷判定指标。

注意到在 PCB 麦克风试验检测结果中：灌浆密实工况下的频域峰值信号成分主要集中在 20 kHz 以下，高频部分没有明显峰值；而在灌浆缺陷工况中，30～40 kHz 之间的频域成分会出现一系列基于套筒外壁反射频域峰值，在实际检测中事先知晓实际构件中的套筒埋深、尺寸以及剪力墙厚度数据，我们可以预先通过理论计算的方式得到理论绕射频率和反射频率的峰值频域信号范围。

引入经典 IIR 巴特沃斯滤波器并将待处理的频域信号分为绕射、反射两个频段，频段范围的选取基于理论计算，由本章试验构件布置数据，滤波器各指标设置如下：

反射频段：滤波器通带频率为 32 000～40 000 Hz，阻带频率为 25 000～45 000 Hz，通带内最大最小电平差值为 3 dB，阻带内衰减为 30 dB。

绕射频段：滤波器通带频率为 6 000～7 000 Hz，阻带频率为 2 000～10 000 Hz，通带内最大最小电平差值为 3 dB，阻带内衰减为 30 dB。

选取 3.3.1.3 小节中的异常测点即 1 号套筒测点 6 的数据进行滤波，由于套筒为全灌浆工况，这里仅挑选绕射频段进行滤波，滤波前后频域信号对比如图 3-48 所示。

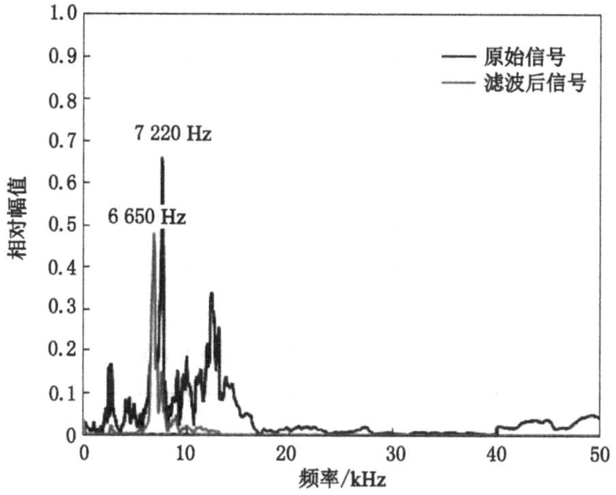

图 3-48　滤波前后频域信号对比图

由图 3-48 可知，频域信号通过滤波得到了处理，对应厚度频率的 6 550 Hz 信号峰值成为频域主频，虽然此时能够通过偏移指标判定该测点位置灌浆饱满，但单纯对信号进行滤波处理并不能改善基于偏移值判定指标的固有缺陷。因此如前所述，建立新的套筒灌浆缺陷情况判定指标 R_A 如下：

$$R_A = \left[\frac{(A_a)_{max}}{(A_b)_{max}}\right]^2$$

其中：$(A_a)_{max}$ 为对应滤波后频域成分中反射频段峰值信号的幅值；$(A_b)_{max}$ 为对应滤波后频域成分中绕射频段峰值信号的幅值。

该指标基于频域信号幅值进行判定，整理处理后的信号数据并进行判定，结果如表 3-14～表 3-16 所列。

表 3-14　套筒 1 数据结果统计表

测点编号	$(A_b)_{max}$	$(A_a)_{max}$	R_A	判定结果
1	0.941	0.097	1.06%	密实
2	0.764	0.025	0.11%	密实
3	0.827	0.022	0.07%	密实
4	0.681	0.007	0.01%	密实
5	0.793	0.169	4.54%	密实
6	0.811	0.045	0.31%	密实
7	0.747	0.061	0.67%	密实
8	0.599	0.010	0.03%	密实
9	0.634	0.062	0.96%	密实
10	0.729	0.088	1.46%	密实

表 3-15　套筒 2 数据结果统计表

测点编号	$(A_b)_{max}$	$(A_a)_{max}$	R_A	判定结果
1	0.663	0.048	0.52%	密实
2	0.571	0.012	0.04%	密实
3	0.724	0.012	0.03%	密实
4	0.811	0.139	2.94%	密实
5	0.559	0.375	45.00%	缺陷
6	0.614	0.334	29.59%	缺陷
7	0.478	0.369	59.59%	缺陷
8	0.536	0.247	21.24%	缺陷
9	0.681	0.408	35.89%	缺陷
10	0.432	0.169	15.30%	缺陷

表 3-16　套筒 3 数据结果统计表

测点编号	$(A_b)_{max}$	$(A_a)_{max}$	R_A	判定结果
1	0.622	0.512	67.76%	缺陷
2	0.483	0.314	42.26%	缺陷
3	0.563	0.400	50.48%	缺陷
4	0.705	0.337	22.85%	缺陷
5	0.529	0.270	26.05%	缺陷
6	0.542	0.250	21.28%	缺陷
7	0.498	0.312	39.25%	缺陷
8	0.676	0.539	63.57%	缺陷
9	0.505	0.158	9.79%	密实
10	0.551	0.312	32.06%	缺陷

由表 3-14 可知，灌浆饱满工况下频谱成分中基本不存在 30 kHz 以上的高频峰值，R_A 数值的大小基本稳定在 1%以下，考虑到检测结果的数值分布，我们定义 R_A 值为 10%时作为判定套筒灌浆与否的界线值。由于事先已知套筒内部灌浆缺陷情况，在 2 号套筒测点 2-5 处发现检测结果为灌浆缺陷，与预设情形不符，可能的原因是套筒灌浆时采用的是竖向灌浆，灌浆料用量不足或出入浆口封堵不严密发生了上部脱空缺陷的情况。除此之外，在 3 号套筒测点 3-9 位置处出现了与实际情况不符的检测结果，这是由于在实际检测中构件表面处置情况、混凝土浇筑质量和检测时的敲击力度等因素都会对频域信号幅值大小产生影响，使得 R_A 指标近似于判定界限值。但相较于偏移指标，R_A 指标在检测时的精度得到较大改善，在 30 个测点工况中误差率仅为 3.3%。基于改进后的判定指标 R_A，在检测中有效提高了套筒灌浆缺陷的辨识度。

3.4　本章小结

本章基于试验的角度对空气耦合冲击回波法在装配式灌浆套筒检测中的适用性进行了探究，试验构件采用预设不同套筒缺陷工况的剪力墙模型，对试验构件和检测设备进行了简明扼要的介绍，基于本章数值模拟对不同影响因素下空气耦合冲击回波检测结果的信号特征进行了分析，提出了一种新的灌浆套筒缺陷判定指标，主要结论如下：

(1) 基于测点布置位置，在测点水平距离控制在 10 cm 以内时，频域幅值能够较明显地观测到，不会由于频域成分中其他峰值的影响造成主频偏移现象而影响测试结果。对于竖直方向高度的选取，在测点高度选取为 10 cm 内时，主频峰值信号的能量衰减幅度较小，且在测点高度为 5 cm 内时基本没有明显衰减。所以基于以上分析和便于操作的角度考虑，取测点水平距离和测点高度均为 3 cm 较为合适。

(2) 在套筒无灌浆工况下，当小球直径较小时，由激励产生的冲击能量较小力的作用频率较高，产生的应力波在混凝土材料中的衰减较快，在接触到套筒上壁时，由于套筒布置较浅，相较于绕射的应力波能量在混凝土中的衰减过程较短，此时频域信号中基于应力波反射的峰值信号能量较高。而当小球直径较大时，由激励产生的应力波频率较低、波长较长，在遇到缺陷时更易发生绕射现象，并且在混凝土中的衰减较慢，此时频域信号中对应绕射现象的频域峰值能量较高。

(3) 基于偏移值的判定指标相较于峰值频率本身过小，而实际检测中由于环境噪声、敲击力度等不可确定因素会对频谱成分及峰值频率的大小造成影响，由于绕射引起的偏移现象极易被抵消或加强，虽然大多数情况下能够得到与实际情况相符的结论，但达不到真正应用的标准。

(4) 提出基于反射和绕射频段峰值信号的幅值比的判定指标，相较于偏移指标，在检测时的精度得到较大改善，在 30 个测点工况中误差率由 26.7％降低至 3.3％。基于改进后的判定指标 R_A，在检测中能有效地提高套筒灌浆缺陷的辨识度。

第 4 章　基于空气耦合冲击回波的桥面板缺陷检测研究

4.1　多通道快速检测系统的建立

4.1.1　检测系统组成

多通道快速检测系统由球链激励源、声学传感器（MEMS 麦克风）、数据采集装置、定位装置和信号处理程序组成。

4.1.1.1　声学传感器和数据采集装置

使用 MEMS 麦克风作为声学传感器。传统麦克风就是根据声波产生的空气流动对薄片的冲击，使其产生形变而改变电容，使输出电信号改变，从而反映出入口处声波频率和幅度的变化。MEMS 麦克风一般由 MEMS 微电容传感器、微集成转换电路、声腔、RF 抗干扰电路等部分组成。MEMS 微电容极头包括接收声音的硅振膜和硅背极，硅振膜可以直接接收到音频信号，经过 MEMS 微电容传感器传输给微集成转换电路，微集成转换电路把高阻的音频电信号转换并放大成低阻的电信号，同时经 RF 抗干扰电路滤波，输出与前置电路匹配的电信号，就完成了声电转换。通过对电信号的读取，从而实现对声音的识别。

MEMS 麦克风可以将检测声音转换成电压，但不需要偏置电阻或放大器。本次系统采用 SPW2430 型麦克风，它是一种小型、低成本的 MEMS 麦克风，范围为 10～100 kHz，适用于几乎所有的一般音频记录/检测。这种 MEMS 麦克风最适合用于使用 FFT 的项目，用于语音转换、音频录制和采样等。

为了保证麦克风正常工作，在麦克风上增加了一个 3 V 的稳压器和滤波器。使用时，将电线接地端(GND)接地，将 Vin 电源线接至 3.3～5 V 直流电源即可。为了获得最佳性能，推荐使用 3.3 V 直流电源。音频波形将从直流引脚输出。输出的直流偏置电压为 0.67 V，因此当处于静音状态时，会产生一点漂移。如果音频设备需要交流耦合音频，则可以从交流引脚中提取信号，该引脚有一个 10 μF 的串联电容。输出引脚的设计目的不是驱动扬声器，如果将放大器直接连接到扬声器，则需要一个音频放大器。如果要连接到微控制器引脚，则不需要放大器或去耦电容器。将直流电源引脚直接连接至微控制器模数转换器(ADC)引脚，音频波形将从直流引脚出。

试验采用的 MEMS 麦克风及原理示意如图 4-1 所示，产品规格见表 4-1。

图 4-1　MEMS 麦克风及其原理示意图

表 4-1　产品规格

类型	音频
功能	MEMS 全向性麦克风
嵌入式	—
使用的 IC/零件	SPW2430
主要属性	模拟输出
所含物品	板

麦克风和链条固定在扫描架上。测试系统包括 8 个通道，每个通道包括 1 个 MEMS 麦克风和麦克风下方的 1 个球链。通道间距可在 0.1～0.15 m 之间变化。由示波器(PicoScope4824 型)以 100 kHz 的采样率对麦克风阵列接收的

声音信号进行数字化处理，并传输到计算机。示波器以 Streaming 模式工作，该模式可以连续采集数据。

4.1.1.2　定位装置

(1) 定位原理

为了把测试的声音信号与对应点位匹配，桥面现场试验使用距离编码轮记录时间和位置信息。该装置由 USB 板卡、编码器和编码轮组成，由 4 节 1.5 V 电池供电。该装置可以记录编码轮转动过程中产生的脉冲数。当编码轮转动 1 圈时会产生 2 000 次脉冲，通过采集脉冲数进而可以准确获得编码轮的转动圈数，结合试验中使用的编码轮周长便可准确获得检测车行进距离。本项目独立设计了一个 LabVIEW 程序来控制数据采集，可实时显示时域信号、当前位置和时间信息。在测试完成后，通过 MATLAB 后处理生成带坐标的二维扫描图像。

(2) 编码器

① 编码器分类

编码器是将信号或数据进行编制、转换为可用以通信、传输和存储的信号形式的设备。编码器把角位移或直线位移转换成电信号，前者称为码盘，后者称为码尺。按照读出方式，编码器可以分为接触式和非接触式两类；按照工作原理，编码器可分为增量式和绝对式两类。增量式编码器是将位移转换成周期性的电信号，再把这个电信号转变成计数脉冲，用脉冲的个数表示位移的大小。绝对式编码器的每一个位置对应一个确定的数字码，因此它的示值只与测量的起始和终止位置有关，而与测量的中间过程无关。

② 编码器工作原理

由一个中心有轴的光电码盘，其上有环形通、暗的刻线，有光电发射和接收器件读取，获得四组正弦波信号组合成 A、B、C、D，每个正弦波相差 90°相位差(相对于一个周波为 360°)，将 C、D 信号反向，叠加在 A、B 两相上，可增强稳定信号；另每转输出一个 Z 相脉冲以代表零位参考位。

由于 A、B 两相相位差为 90°，可通过比较 A 相在前还是 B 相在前，以判别编码器的正转与反转，通过零位脉冲，可获得编码器的零位参考位。

编码器以每旋转 360°提供多少的通或暗刻线称为分辨率，也称解析分度，或直接称多少线，本项目采用的编码器为 2 000 线。

③ 编码器接线方法

旋转编码器是一种光电式旋转测量装置，它将被测的角位移直接转换成数字信号(高速脉冲信号)。

我们通常用的是增量式编码器，可将旋转编码器的输出脉冲信号直接输入给可编程逻辑控制器(PLC)，利用 PLC 的高速计数器对其脉冲信号进行计数，以获得测量结果。不同型号的旋转编码器，其输出脉冲的相数也不同，有的旋转编码器输出 A、B、Z 三相脉冲，有的只输出 A、B 两相脉冲，最简单的只有 A 相。

编码器有 5 条引线，其中 3 条是脉冲输出线，1 条是 COM 端线，1 条是电源线(OC 门输出型)。编码器的电源可以是外接电源，也可直接使用 PLC 的 6 V 直流电源。电源"－"端要与编码器的 COM 端连接，"＋ "端与编码器的电源端连接。编码器的 COM 端与 PLC 输入 COM 端连接，A、B、Z 三相脉冲输出线直接与 PLC 的输入端连接，A、B 为相位差 90°的脉冲，Z 相信号在编码器旋转 1 圈只有 1 个脉冲，通常用来作零点的依据，连接时要注意 PLC 输入的响应时间。旋转编码器还有一条屏蔽线，使用时要将屏蔽线接地，提高其抗干扰性。

本项目采用的编码器、屏蔽线、编码轮等测距装置如图 4-2 所示。

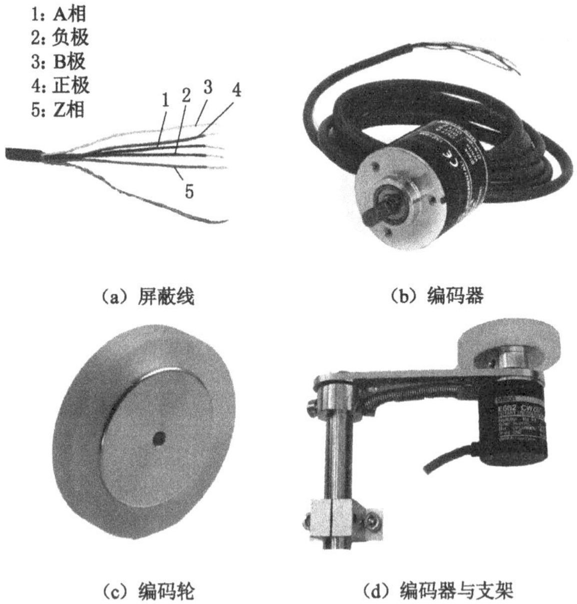

(a) 屏蔽线　(b) 编码器

(c) 编码轮　(d) 编码器与支架

图 4-2　测距装置

(3) USB 板卡

① 简介

本项目距离编码器的数据采集采用恒凯电子 USB 数据采集卡。该采集卡是一款基于 USB 总线的多功能信号采集卡，具有 12 路单端模拟信号采集、2 路模拟信号输出、8 路数字信号输入/输出、1 路 PWM 输入、1 路计数输入及 2 路 PWM 输出。可用于传感器信号数据采集与分析、工业现场监测与控制、高等院校科研与教学等多个领域。恒凯电子 USB 板卡可以将传感器和控制器与计算机结合在一起，利用计算机强大的数据处理能力和灵活的软件编程方式，对信号进行分析、处理、显示与记录，从而取代多种价格昂贵的专用仪器，并且能通过编程来获得免费的功能升级。USB 板卡如图 4-3 所示。

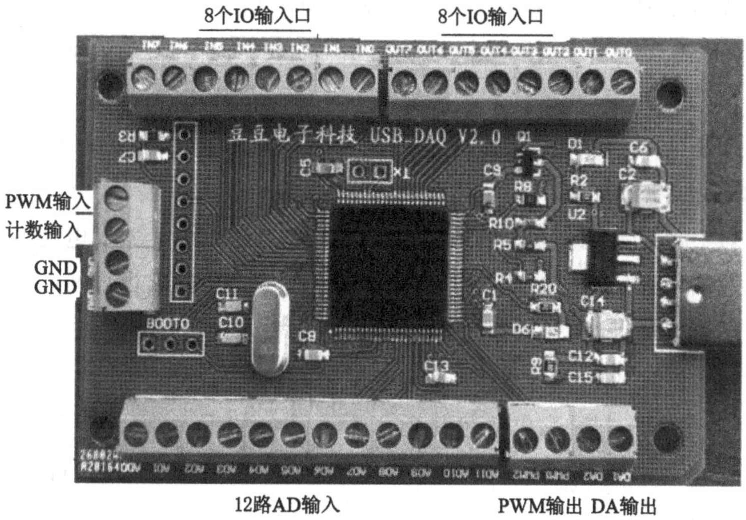

图 4-3　USB 板卡

② 软件支持

操作系统：支持 WinXP/Vista/Win7/Win8/Win10。

开发包：驱动程序、DLL 库函数。

③ 计数器

计数器个数：1 个。

输入电平：CMOS(0～3.3 V)。

计数位:32 位(最大 65 535 ×65 535)。

④ 安装

计算机必须支持 USB 2.0 接口,如果没有 USB 2.0 接口,可以通过安装扩展卡来实现。在应用时尽量采用随机配备的原装电缆,如果需要单独配备电缆,按照以下原则配备:

a. 电缆要选择粗的电缆以满足供电要求。

b. 电缆必须满足 USB 2.0 接口传输速度(480 Mb/s)的要求。

⑤ 注意事项

a. 输入连接电缆必须用屏蔽电缆,电缆的屏蔽外层最好只在一端连接到地线上。

b. 模拟信号的地线应该连接到前端模拟输出的地线上,不能与数字地线混合。如果需要混合数字、模拟地线,可以将数字地线连接到前端的电源地线上。

c. 如果前端信号干扰较大,如电力信号采集应用时,最好将 PC 机的外壳与前端的地线单独连接。这样可以避免干扰、高压烧毁采集卡。

d. 对于高精度采样,要求前端设备输出有尽量低的输出阻抗及电流驱动能力。

e. 建议模拟输出设备应该具有低输出阻抗及高速跟踪信号的能力,建议运用带宽为 5 MHz、转换速度大于 10 V/μs 的运算放大器。

f. 开关量输入电平不能低于−0.3 V 或高于+3.3 V。

g. 输出不要对地线、电源短路。

h. 输出如果需要驱动大功率设备,为防止干扰,应该将输出与设备隔离。

4.1.1.3 球链激励源

本研究开发了一种新型球链作为激励源,能够快速有效地冲击混凝土表面。球链由两个直径为 12 mm 的钢球和两个直径为 15 mm 的钢球组成,它们由一根柔性尼龙绳连接。第一个球和最后一个球之间的距离大约为 100 mm,如图 4-4 所示。当球链在混凝土表面上拖动时,与混凝土表面随机碰撞。不同直径的钢球有不同的冲击接触时间,有助于识别不同共振频率的分层。较小直径的钢球对频率较高的分层更有效,较大直径的钢球对频率较低的分层检测效果更好。由于分层响应易于在频域中识别,因此采用短时傅里叶变换(STFT)

对连续时域信号进行处理。STFT 过程是将长时间信号分成许多长度相等的小段，然后在每个短段上分别计算傅里叶变换。通过绘制所有片段的振幅谱，生成的 STFT 频谱图是一个 2D 图像，其中 x 轴为信号时间，y 轴为频率分布。因此，STFT 频谱图能够显示信号频率含量随时间的变化。如图 4-5(a)所示为在有分层损伤的混凝土板上的盲测图。图中清晰的 15 kHz 噪声是由于球链之间碰撞产生的噪声，分布于整个测试过程。根据 Kee 和 Guchunsk 对方形混凝土分层共振频率进行的分析，深度为 20～80 mm、宽度为 0.2～1 m 的分层的共振频率范围为 1～5 kHz。因此，选择适当激励源的主要标准是确保混凝土密实区域在 1～5 kHz 频率范围内低噪声水平低。在 1 s 和 3 s 时显示了两处明显的高频亮斑，恰好处于 1～5 kHz。所以后续分析过程中为保证钢球之间碰撞噪声的影响，只截取 1～5 kHz 频率范围进行 STFT 处理。图 4-5(b)为截取 1～5 kHz 频率范围后的时频图像，对该范围内每一时间的频率累加，可以计算出 1～5 kHz 带宽上的功率谱之和。

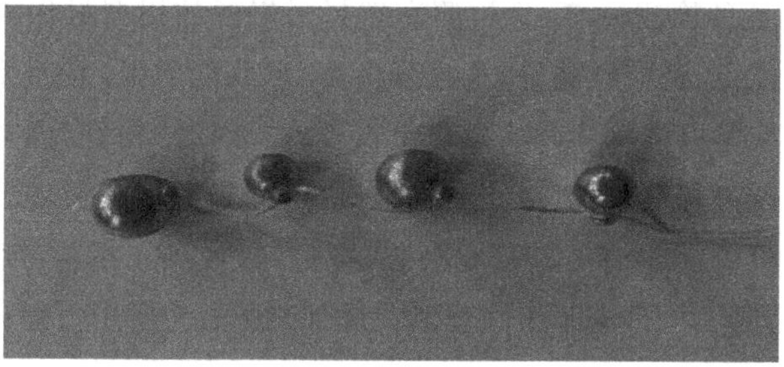

图 4-4　球链激励源

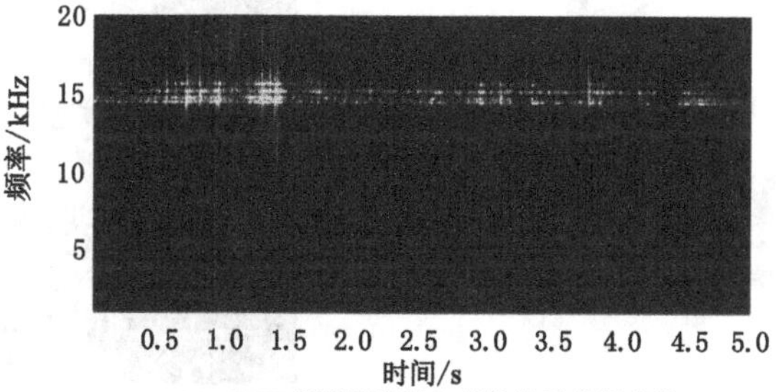

(a) STFT频谱图和沿扫描的信号能量变化

图 4-5　STFT 频谱图和沿扫描的信号能量变化及在 1～5 kHz 带宽上的功率谱之和

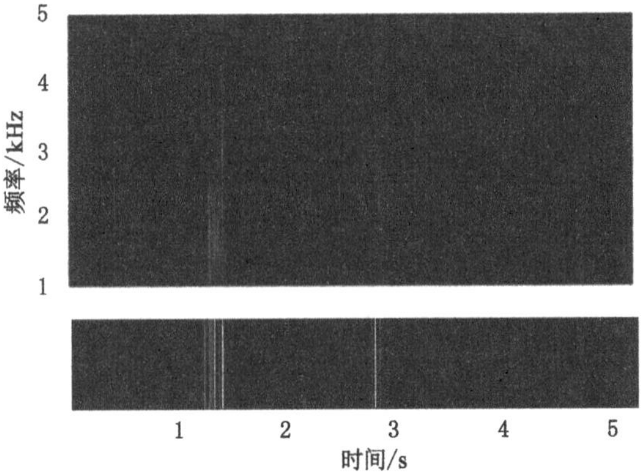

(b) 在1~5 kHz带宽上的功率谱之和

图 4-5(续)

4.1.1.4 车体框架

为了适应各种检测环境，为检测车选择了轻便的铝型材作为检测车骨架。铝型材有诸多优点：机械性能好，连接强度高，承载能力强，表面美观大方，防腐蚀等。车体框架可以根据实际需要自由设计，安装成结构完美的机械装置。高精度配件使装配过程简单化，减小了组装难度，减轻了工作量，充分提高了生产效率。检测车可以在 5 min 内完成组装，可拆卸，做到了结构美观、轻量化、高效率，为现场检测工作带来了极大便利。图 4-6 所示为所用铝型材和车体框架。

(a) 铝型材　　　　(b) 车体框架

图 4-6　结构框架

4.1.1.5　检测车

为满足桥面现场测试要求，设计了一台八通道扫描车。麦克风阵列安装在一个长 1.2 m 的框架上，间距为 15 cm，由两节 1.5 V 电池供电。安装在手推车上的示波器会把麦克风接收的声音信号数字化，并由笔记本电脑使用 LabVIEW 程序记录下来。扫描完成时，通过后处理生成一个带有位置信息的扫描图像。通过使用距离编码轮，可以把移动路径与声音信号精确匹配。

4.2　现场试验研究

为了验证检测车的检测效果，选取了在多组场地、多种环境下对检测效果进行测试，研究分析检测车的移动速度、可重复性、场地适用性、特殊作业情况下的适用性等诸多因素对检测效果的影响。

4.2.1　移动速度影响研究

当采样频率固定时，移动速度越快，则每个测点区域采集到的信号点数越少。通俗地讲，采样频率是指计算机每秒钟采集多少个信号样本，比如声音信号，此时采样频率可以是描述声音文件的音质、音调，以及衡量声卡、声音文件的质量标准。采样频率越高，即采样的间隔时间越短，则在单位时间内计算机得到的样本数据就越多，对信号波形的表示也越精确。采样频率与原始信号频率之间有一定的关系，根据奈奎斯特理论，只有采样频率高于原始信号最高频率的两倍时，才能把数字信号表示的信号还原为原来的信号。测试系统采用 100 kHz 的采样频率，即每秒钟可采集 1×10^5 个数据点。为了研究移动速度的影响，在同一路段进行了不同速度多次采样，以比较不同移动速度条件下检测效果。

桥梁简要资料如下：

(1) 技术指标和依据。

① 设计汽车荷载：公路Ⅱ级。

② 设计安全等级：二级，结构重要性系数为 1.0。

③ 设计洪水频率：1/25。

④ 地震烈度：设计基本地震加速度为 0.1g，抗震烈度为 7 度。

⑤ 桥梁横断面：0.5 m（护栏）+7 m（行车道）+0.5 m（护栏），总宽为 8 m。

⑥ 桥面横坡：由桥梁中心线向两侧各设 1.5%横坡。

（2）主要材料。

① C50 混凝土：先张法空心板梁、铰缝。

② C50 防水混凝土：伸缩缝混凝土、现浇桥面铺装混凝土，防水混凝土抗渗等级为 P6。

③ C35 混凝土：台帽、地帽、背墙、耳墙、挡块。

④ C30 混凝土：桩基、空心板梁封头、护栏。

（3）桥梁照片（见图 4-7）。

图 4-7　徐塘大沟桥

（4）现场准备过程与检测结果（见图 4-8）。

(a) 绘制测线　　(b) 现场检测

图 4-8　现场准备与检测过程

在同一路段分别以约 40 m/min 和 60 m/min 的速度进行，检测长度为 30 m，单次检测宽度为检测车的宽度，即 1.5 m。不同速度检测成像结果见图 4-9。

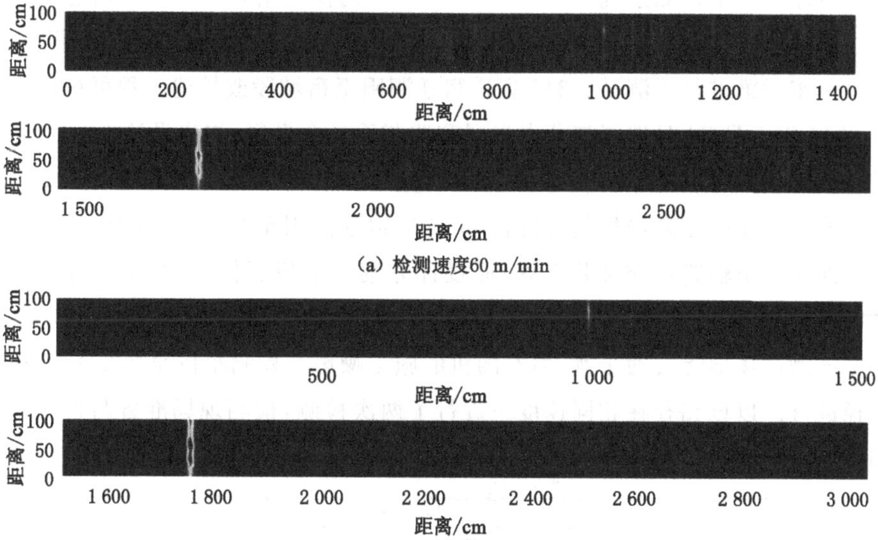

(a) 检测速度60 m/min

(b) 检测速度40 m/min

图 4-9　不同速度检测成像结果

从检测结果可以看出，两种速度都检测出在检测路径 10 m 和 17.5 m 处存在缺陷。通过两幅结果图对比得出了如下结论：

① 以 40 m/min 和 60 m/min 的速度进行检测时都可以达到较为满意的结果。慢速的检测结果对比更加清楚，对缺陷的判断更加直观。

② 以 40 m/min 速度进行检测时，检测图背景更加纯净，即噪声干扰更小。较大的移动速度在移动时引起了较大的碰撞噪声和车架振动，对检测结果有一定影响。

综上所述，两种速度都较好地满足了检测要求。较快的检测速度提供了更高的检测效率，但检测结果略差；较慢的检测速度提供了更好的检测结果，但检测效率偏低。故在实际测试过程中，应根据实际交通状况来决定检测速度。当交通压力较大时，可以选择较高的检测速度；当交通压力较小时，可以选择较低的检测速度。

4.2.2 可重复性影响研究

可重复性是精确重返特性目标的过程能力，是一个评估处理设备及其连续性的指标。一个检测系统若无高的可重复性，则检测结果便没有任何意义。为了检测该系统的稳定性，我们对 347 省道宿迁泗阳至宿城段改扩建工程 YH2 标段一座桥梁进行了测试。347 省道宿迁泗阳至宿城段改扩建工程可行性研究于 2014 年 1 月 24 日取得江苏省发展和改革委员会批复，初步设计于 2014 年 8 月 21 日取得江苏省发展和改革委员会批复，施工图设计于 2015 年 2 月 2 日取得江苏省交通厅公路局批复，目前 347 省道宿迁泗阳至宿城段改扩建工程与中国石油西气东输管道交叉共 7 处，原设计方案为盖板涵保护，其中 5 处交叉角度小于 30°。

该测试场地无交通干扰，但有随机的施工噪声。检测车按照如图 4-10 所示路径进行。以该路径在相同速度下进行了两次检测，检测现场准备与检测过程如图 4-11 所示。

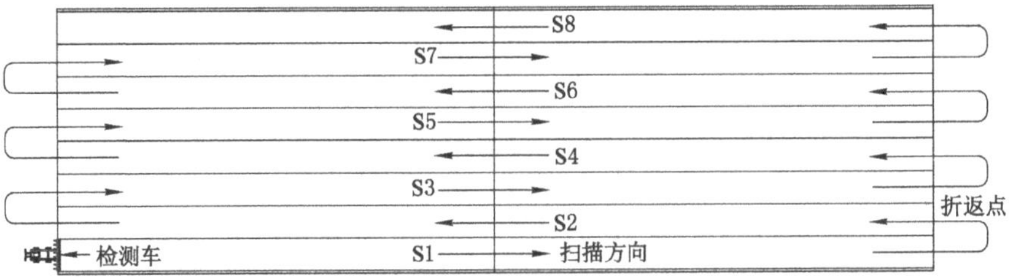

图 4-10　检测路径

(a) 现场调试

(b) 定位纵向测线

图 4-11　现场准备与检测过程

(c) 定位横向测线

(d) 现场检测过程

图 4-11(续)

两次按照相同路径进行检测，经数据处理后得到如图 4-12 所示的二维成像结果。

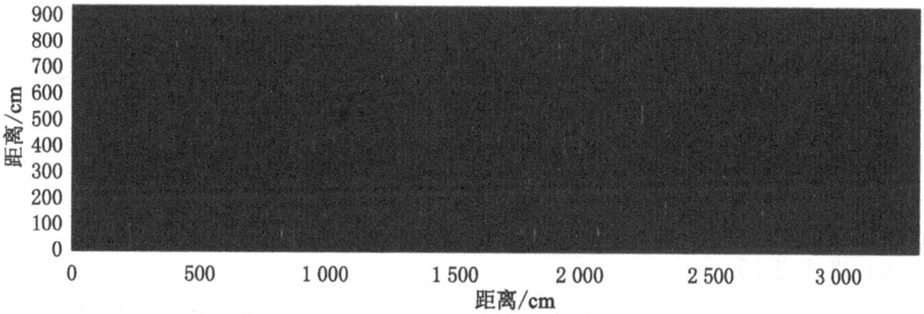

(a) 第一次检测结果

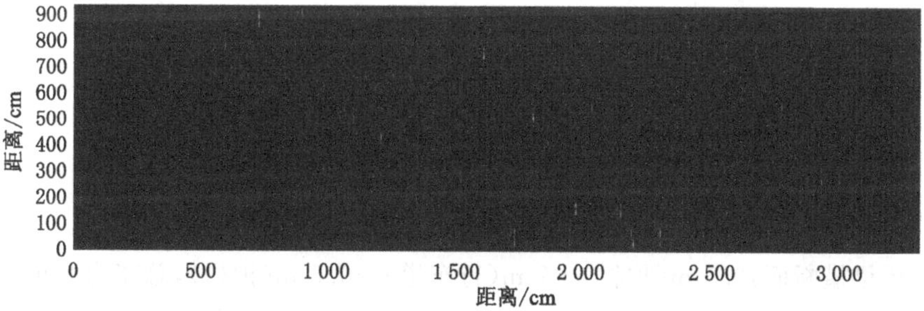

(b) 第二次检测结果

图 4-12　两次重复试验的二维成像结果

通过两次同条件下进行的检测结果对比，发现两次都未检测到缺陷。结合第一组试验结果图，得到如下结论：

(1) 该检测系统有较高的可重复性。存在缺陷时均可呈现出明显亮斑，无缺陷时均呈现均匀的蓝色背景。

(2) 未铺装的桥面检测结果存在较多噪点，对比于上节已做铺装的桥面的低噪点数据可知，当场地较粗糙时，碰撞时会产生不均匀噪点，但这些噪点的特性明显不同于分层区域，不影响对缺陷数据的判断。

综上，该系统有较好的重复性，对于一般桥梁只需进行一次检测即可，对于特殊重要结构或者发现缺陷的位置，可以进行局部或者全部复测以提高检测可信度。

4.2.3 不同桥梁适用性影响研究

为了分析该检测车的适用性，对不同路面铺装的桥面进行了研究。分别在未铺装的桥梁、混凝土面层桥梁、老旧混凝土场地和大理石板铺装的人行桥梁进行了实地测试。各场地的资料、测试过程及测试结果如下。

(1) 347 省道宿迁泗阳至宿城段改扩建工程 YH2 标段桥梁

测试过程及结果见上节。

(2) 班庄北桥

该桥为预应力混凝土桥梁，修建于 2018 年，桥头附近建有砂石场，重载车辆较多，通过目视观察发现局部有破损。该桥详细情况如下。

① 设计指标和依据

设计汽车荷载：公路Ⅱ级。

设计安全等级：二级，结构重要性系数为 1.0。

设计洪水频率：1/25。

地震烈度：设计基本地震加速度为 0.1g。抗震烈度为 7 度。

桥梁横断面：0.5 m(护栏)＋7 m(行车道)＋0.5 m(护栏)，总宽为 8 m。

桥面横坡：由桥梁中心线向两侧各设 1.5％横坡。

② 主要材料

C50 混凝土：先张法空心板梁、铰缝。

C50 防水混凝土：伸缩缝混凝土、现浇桥面铺装混凝土，防水混凝土抗渗等级为 P6。

C35 混凝土：台帽、地帽、背墙、耳墙、挡块。

C30 混凝土：桩基、空心板梁封头、护栏。

③ 桥梁照片（见图 4-13）

图 4-13　班庄北桥

图 4-14 所示为现场准备与检测过程。检测按照图 4-15 所示的路径进行，到达折返点后反转方向，以相同的速度对下一条测线进行检测。对扫描结果经过数据处理后得到如图 4-16 所示的二维平面图像。

(a) 绘制测线

(b) 现场检测

图 4-14　现场准备与检测过程

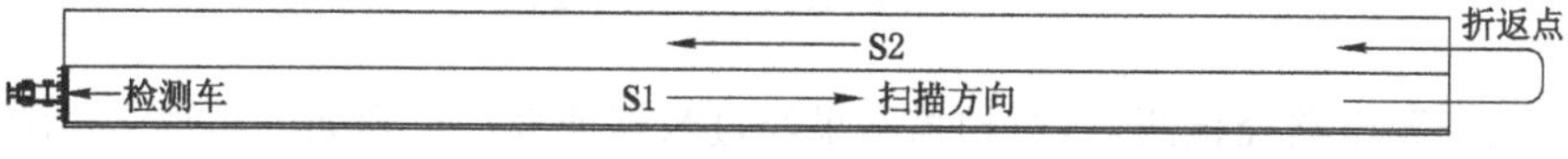

图 4-15　班庄北桥检测路径

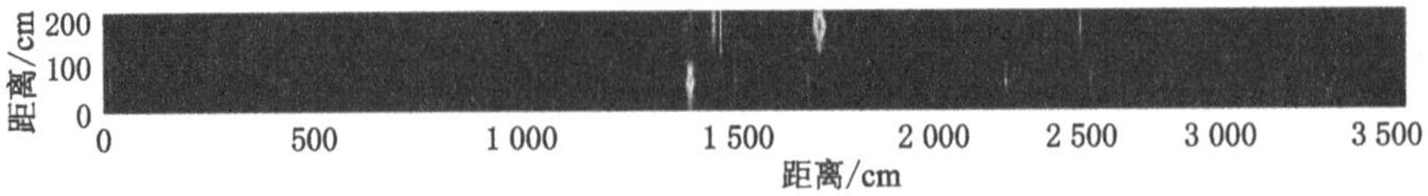

图 4-16　班庄北桥二维成像结果

从班庄北桥检测结果中可以看出，该检测路段在如图 4-16 所示的亮斑坐标处存在两处明显缺陷，该处重载车辆较多，对桥面铺装表层造成损伤。

(3) 老旧混凝土场地

老旧混凝土场地位于中国矿业大学文昌校区道桥与爆破实验室门口，该场地修建于 20 世纪 80 年代，表面受雨水冲刷，略显毛糙，部分区域产生分层。检测路径见图 4-17，检测按照预定的路径进行，到达折返点后偏移距离，以相同的速度返回。混凝土场地检测过程见图 4-18。

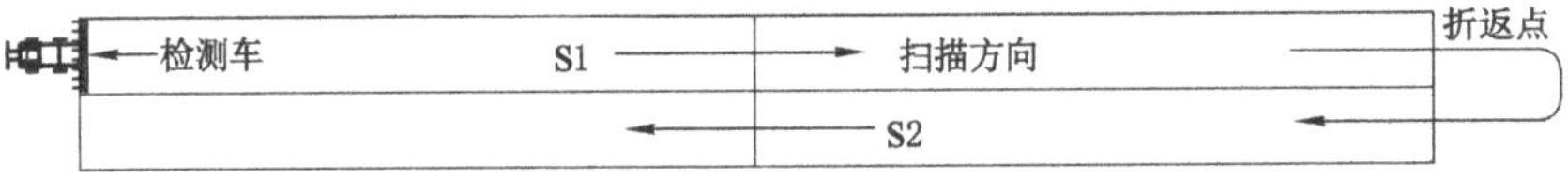

图 4-17　混凝土场地检测路径

图 4-18　混凝土场地检测过程

按照预定路径检测后，对扫描结果经过数据处理后得到如图 4-19 所示的二维平面图像。该混凝土场地成像结果显示出了多处明显缺陷。对图中 8 m 附近的大块区域的亮斑进行了现场的勘察，发现该区域存在明显的大范围空洞。图中其他亮斑附近也均有对应的缺陷存在，和检测结果基本吻合。该检测系统对此种混凝土场地有很好的检测效果。

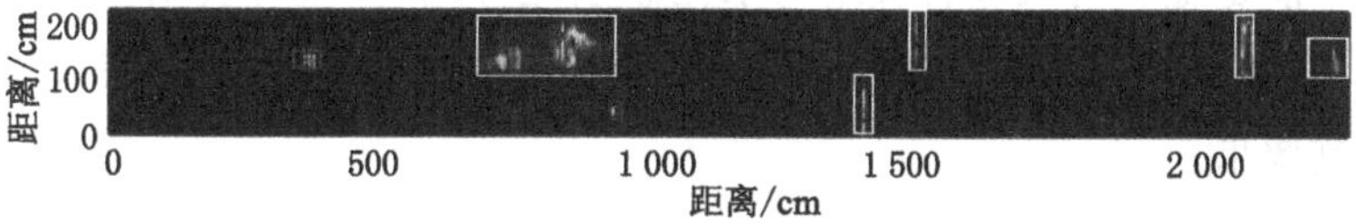

图 4-19　老旧混凝土场地二维成像结果

(4) 大理石铺装人行桥

该桥位于中国矿业大学南湖校区图书馆附近，桥长 39 m、宽 10 m，每块大理石宽 60 cm。两块大理石板的宽度恰好与检测车宽度相等，不需要单独绘制测线。检测路径见图 4-20，现场检测过程见图 4-21。

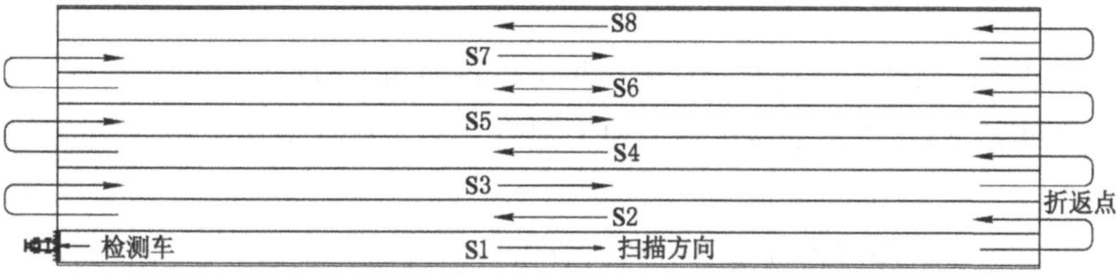

图 4-20　大理石铺装人行桥检测路径

图 4-21　现场检测过程

检测按照预设的路径进行，到达折返点后反转方向，以相同的速度对下一条测线进行检测。对扫描结果经过数据处理后得到如图 4-22 所示的二维平面图像。从图中可以看出，该桥梁铺装大理石板下多处存在分层，这种结果产生的原因可能是施工时大理石板未与水泥砂浆充分贴合，或者后期使用过程中因为外力和雨水冲刷作用导致大理石板脱空。该系统对大理石铺装人行桥有较好的检测效果。

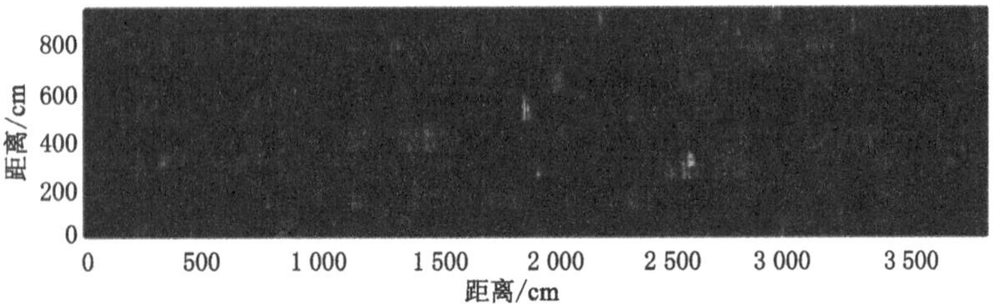

图 4-22　图书馆人行桥成像结果

通过对比四种不同场地的检测结果可以得到如下结论：

① 班庄北桥、老旧混凝土场地和大理石铺装人行桥均存在缺陷，见图中亮斑区域。

② 该系统有很好的场地适应性。对于新旧混凝土表面或光滑的大理石表面都能得到较为满意的检测效果。

4.2.4　特殊作业情况影响研究

在对杨楼东桥进行实地检测(见图 4-23～图 4-25)时，发现该区域的时域信号明显不同于其他桥梁。经观察发现，桥梁背靠高压线，初步怀疑是高压电造成的影响。随着后续测量的进行，得到如图 4-26 所示的信号。由图可以看出，随着与高压线距离的增加，信号的振幅逐渐增加，之后折返检测时发现情况刚好相反，振幅逐步减小。初步验证了是受高压电的影响。以下为杨楼东桥的基本信息。

(1) 技术指标和依据

① 设计汽车荷载：公路Ⅱ级。

② 设计安全等级：二级，结构重要性系数为 1.0。

图 4-23　杨楼东桥

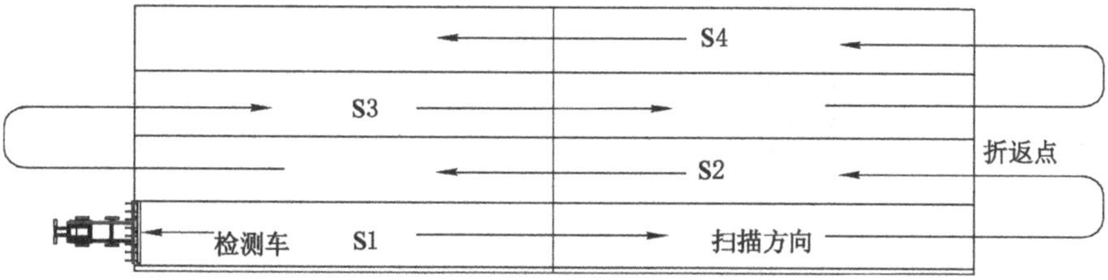

图 4-24　杨楼东桥检测路径

图 4-25　现场检测过程

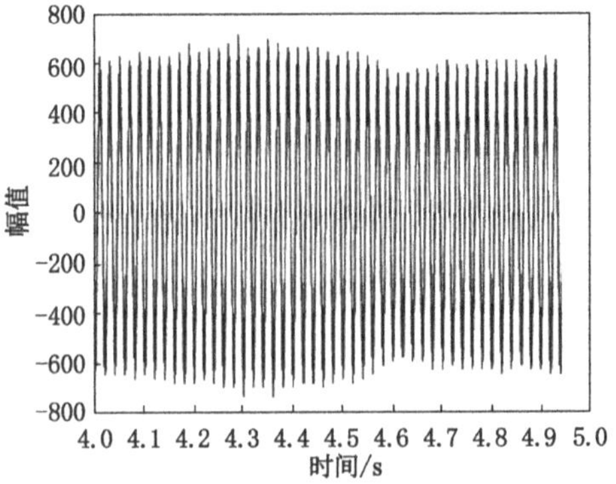

(a) 现场实测4~5 s的时域图像

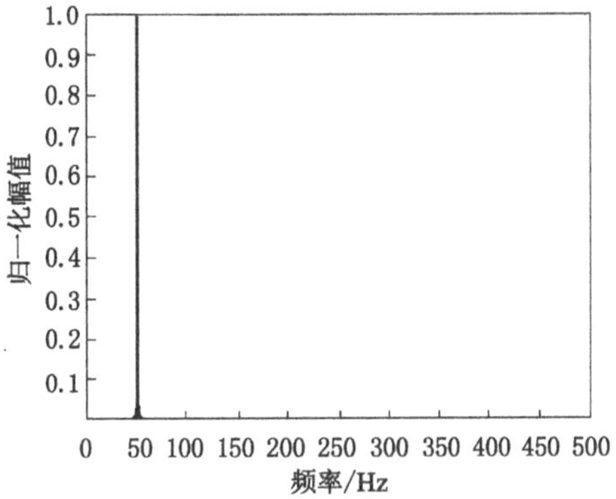

(b) 异常信号的频域图像

图 4-26　检测异常信号时域与频域图像

③ 设计洪水频率:1/25。

④ 地震烈度:设计基本地震加速度为 0.1g,抗震烈度为 7 度。

⑤ 桥梁横断面:桥梁全宽为 10 m,桥面净宽为 9 m。

⑥ 桥面横坡:由桥梁中心线向两侧各设 1.5%横坡。

(2) 主要材料

① C50 混凝土:先张法空心板梁、铰缝。

② C50 防水混凝土:伸缩缝混凝土、现浇桥面铺装混凝土,防水混凝土抗渗等级为 P6。

③ C35 混凝土:台帽、地帽、背墙、耳墙、挡块。

④ C30 混凝土：桩基、空心板梁封头、护栏。

(3) 桥梁照片

检测按照如图 4-24 所示的路径进行，到达折返点后以相同的速度返回。现场检测过程见图 4-25。

为了进一步验证是高压电造成的影响，对采样的声信号进行了快速傅里叶变换得到了频域图像，如图 4-26 所示。从图中可以发现，50 Hz 的频率异常突出，这恰好对应交流电的频率。作为对比，用正常桥梁检测的频域图(见图 4-27)作对比，正常桥梁未出现类似状况。但这并不影响检测和出图，因为浅层损伤激发的频率多集中在 1～5 kHz 之间，故该种异常情况并不会影响检测结果。如图 4-28 是基于滤波后该桥梁的二维成像结果。

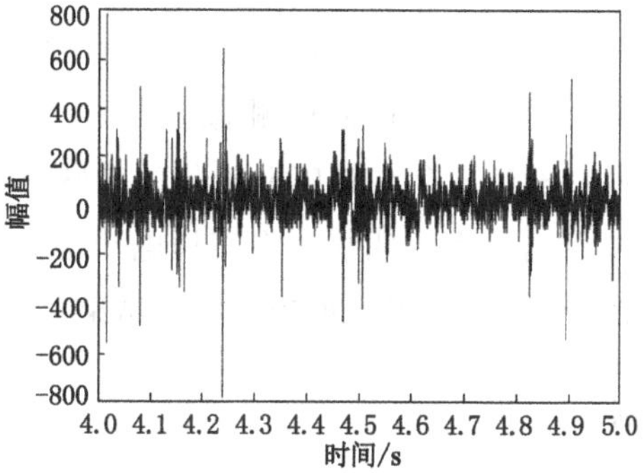

(a) 正常信号的时域图像

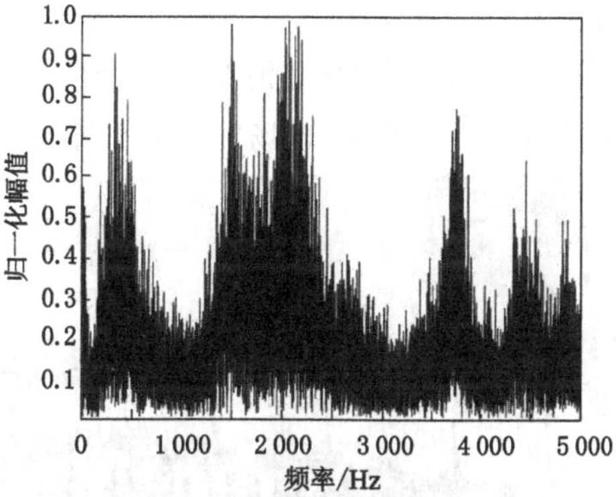

(b) 正常信号的频域图像

图 4-27　正常信号时域与频域图像

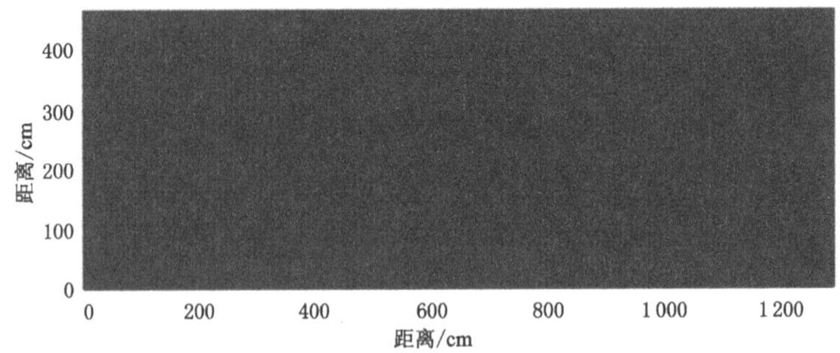

图 4-28　杨楼东桥二维成像结果

根据以上分析可以得到如下结论：

① 杨楼东桥未发现分层损伤。

② 当在高压电干扰下，会影响信号的时域图像，但对成像分析不构成影响。在高压电环境下也可以得到较为准确的检测信息。

综上分析，该检测系统对于存在高压电干扰的特殊区域也可以进行检测，相比于传统的地质雷达优势就尤为明显。在高压电干扰的环境下，地质雷达会受到强烈的干扰，该系统依旧可以得到准确的检测结果。

4.2.5　其他应用实例

经过以上研究，该检测系统的检测结果已经得到了充分的验证。本小节介绍该检测车对两座桥梁进行实地检测。

该系统检测了奎河上的两座桥梁(奎河车行和奎河人行桥)，两座桥长均为 39 m。奎河车行桥状况如图 4-29 所示，现场准备工作与检测过程如图 4-30 所示。

图 4 29　奎河车行桥

(a) 定位测线

(b) 检测过程

图 4-30　现场准备工作与检测过程

奎河车行桥二维成像结果如图 4-31 所示，从图中可明显看出，该桥存在多处缺陷，在左端约 4 m 处显示一横跨桥面的缺陷。与现场照片(图 4-32)对比恰好相符，这也表明了此方法不仅可以检测出分层，对于表面明显的损伤也可准确地识别。

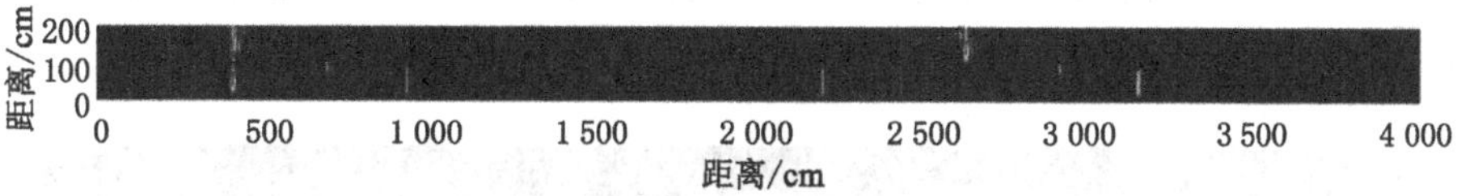

图 4-31　奎河车行桥二维成像结果

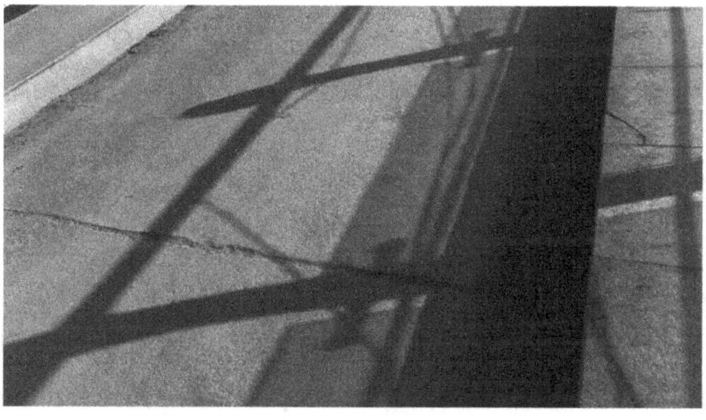

图 4-32　表面破损现场照片

奎河人行桥长 39 m、宽 5 m,表面铺装大理石板。桥梁现状与检测过程见图 4-33。

(a) 桥梁现状

(b) 检测过程

图 4-33 桥梁现状与检测过程

奎河人行桥二维成像结果如图 4-34 所示,从图中可以看出,该桥梁铺装大理石板下多处存在分层,这种结果产生的原因可能是施工时大理石板未与水泥砂浆充分贴合,或者后期使用过程中因为外力和雨水冲刷作用导致大理石板脱空。

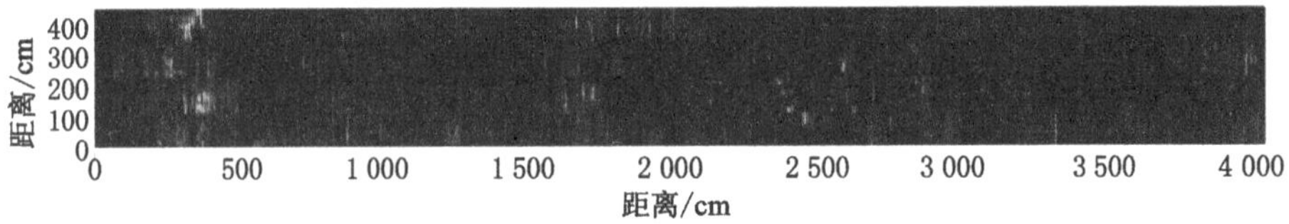

图 4-34 奎河人行桥二维成像结果

4.3 本章小结

本项目采用空气耦合方法,并结合多通道并行采集的方式建立采集系统。通过运用 LabVIEW 开发环境对 PicoScope 4824 进行二次开发以达到多通道并行连续采集的目的。使用示波器(PicoScope 4824)的 Streaming 模式可以获取连续不断的数据信息。使用频率范围为 10～100 kHz 的低成本 MEMS 麦克风作为声学传感器。由示波器以 100 kHz 的采样率对麦克风阵列接收的声音信号数字化，并传输到计算机。

此外，为桥面现场检测设计了一台八通道扫描车。麦克风阵列安装在一个长 1.2 m 的框架上，间距为 15 cm，由两节 1.5 V 电池供电。安装在手推车上的示波器会把麦克风接收到的声音信号数字化，并由笔记本电脑使用 LabVIEW 程序记录下来。扫描完成时，通过后处理生成一个带有位置信息的扫描图像。通过使用距离编码轮，可以把移动路径与声音信号精确匹配。

第5章　基于空气耦合冲击回波的曲面板内部缺陷检测研究

5.1　空气耦合冲击回波法检测混凝土曲面板内部缺陷试验研究

本章将基于实际工程中已投入使用的一种曲面衬砌进行室内试验研究，以验证其与数值模拟结论的一致性和差异性。

5.1.1　试验试件

为保证基于空气耦合的冲击回波法在实际隧道衬砌检测中的可实施性，采用地铁隧道标准 1∶1 衬砌管片进行检测试验。试件的制作参照了相关国家现行规范[80-82]。为模拟衬砌内部产生的分层空隙并保证其可检测性，采用预埋 1 cm 厚泡沫板进行缺陷的模拟。各缺陷大小、深度及位置布置如图 5-1 所示，其中直径为 15 cm 的圆形 2 个，直径为 20 cm 的圆形 3 个，边长为 10 cm 的正方形 1 个，边长为 15 cm 的正方形 2 个，边长为 20 cm 的正方形 2 个，共计 10 个缺陷，各缺陷深度在图中用 H 表示。钢筋骨架采用直径为 18 cm 的 HRB400 级钢筋，混凝土采用 C40 商业混凝土，由于构件形状特殊，需租用衬砌管片厂特制标准钢膜进行浇筑，在浇筑同时预留 6 组立方体试块，最后在蒸汽条件下养护 28 d，待其强度达到 80%时方可进行检测试验，试件钢筋骨架及浇筑完成见图 5-2 和图 5-3。

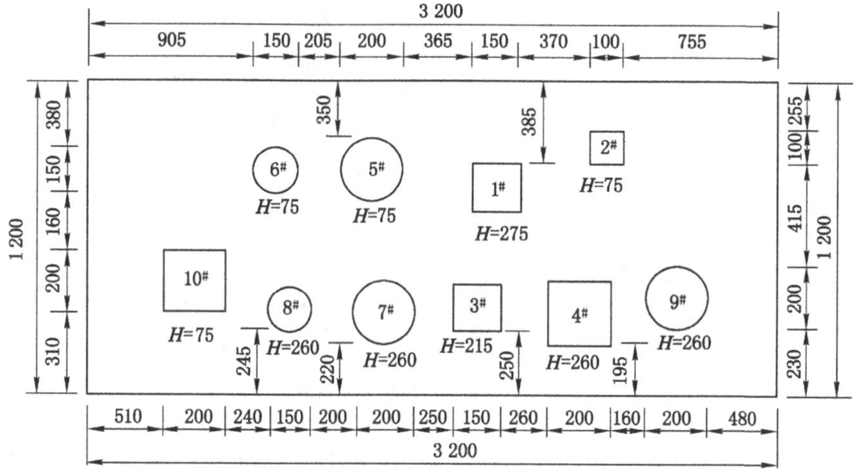

图 5-1　缺陷布置示意图(单位:mm)

图 5-2　曲面衬砌钢筋骨架及缺陷预埋

5.1.2　波速的标定

5.1.2.1　波速标定方案

在进行测试之前要对已浇筑完成的曲面板进行波速的标定，由第 2 章理论部分可知，波速的标定对板厚的测算至关重要。目前主流的波速标定方法有两种：一种是反推法，在曲面板上选取大量无缺陷测点进行信号的采集，并根据峰

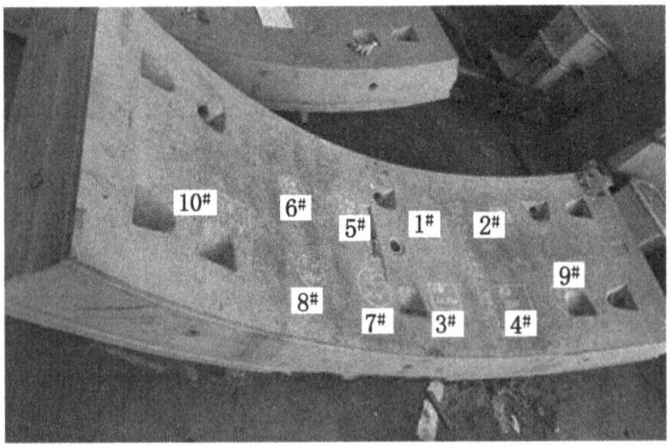

图 5-3　曲面衬砌浇筑完成

值频率的平均值以及已知板厚反推波速，该方法随机性较大，在板内部情况未知的条件下很难准确预知板的厚度主频；第二种是直接测量波速[即超声波脉冲速度(UPV)]，也就是超声脉冲法，该方法的基本原理是基于已知距离和测算时间反算 P 波波速，其结果相较于反推法更接近板的实际波速。因此，本节采用超声脉冲法进行曲面板波速的标定。

超声脉冲法测波速原理示意如图 5-4 所示。该方法主要检测设备有 Olympus 超声脉冲收发仪(见图 5-5)、数字信号采集卡、基于 LabVIEW 开发的 UPV 虚拟仪器。该方法能够准确测出脉冲信号发射到接收探头接收信号之间的时间，根据已知距离 L 就能算出 P 波在混凝土中传播的波速。

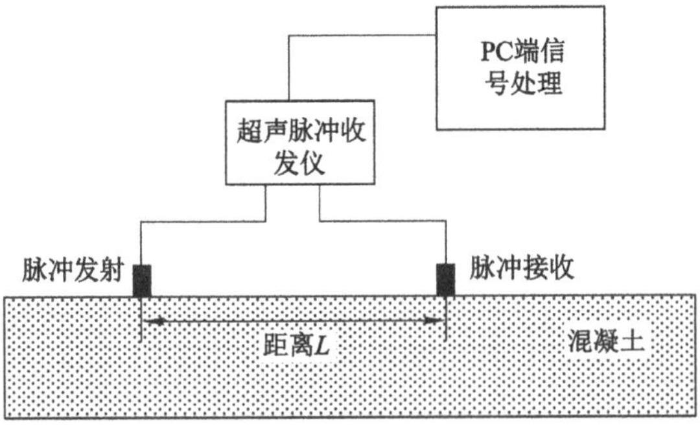

图 5-4　超声脉冲法测波速原理示意图

图 5-5　Olympus 超声脉冲收发仪

为减少标定过程中偶然因素造成的误差，共设计了脉冲发射到距离分别为 10 cm、20 cm、30 cm、40 cm、50 cm 五组试验。当收发距离太近时，有可能由于距离过短造成波速计算不准确，但长距离条件下超声波在混凝土中衰减程度严重，因此在五组试验方案下，能够得到本试验构件中较为准确的 P 波波速范围。收发片布置方案如图 5-6 所示，收发片采用基于压电原理的压电片，当对压电片施加电信号时就会使其产生振动而发出超声波，同时当接收的压电片受到振动时会产生电信号。各收发片沿板的纵向布置在无缺陷处的上表面。每组信号的测点数为 10 000，采样频率为 1×10^{7} Hz。

(a) 收发片布置方案　　(b) UPV法检测曲面板波速

图 5-6　实验室超声脉冲法测试方案

5.1.2.2 测试结果

以 20 cm 距离下测试结果为例，如图 5-7 所示，第一个小波动即为脉冲的数字触发信号，而信号后半部分波动较大的信号即为 P 波的首次到达波形，在信号后续还有很长一段时域信号，但测 P 波波速只关系首达时间，因此将后面信号截掉。由图可基本得出信号从触发到接收的时间大概在 0.04 ms 左右，距离为 20 cm 时波速在 4 000 m/s 左右。为进一步精确得出波速的范围，五个测试方案结果如图 5-8 所示，由图可得，各收发距离方案下脉冲的触发时间（发射时间）是一致的，都是 0.01 ms，而各接收时刻从 10～50 cm 方案下依次为 2.44×10^{-5} s、4.90×10^{-5} s、7.30×10^{-5} s、9.70×10^{-5} s、1.20×10^{-4} s，各收发距离计算的波速分别为4 098.36 m/s、4 081.63 m/s、4 109.59 m/s、4 123.71 m/s 和 4 166.67 m/s。由此可见其波速范围在 4 100 m/s 左右，注意图 5-8 中将各首达时间点连成线（黑色实线），其斜率就是曲面板中 P 波的波速，结合直线斜率和五组波速数据取其平均值得该曲面板波速为 4 116 m/s，该波速对应的厚度主频率为 5 645 Hz。实际试验中得到的波速与理论值是存在差距的，这是由实验设备、试件混凝土材料、钢筋网的密集程度等多因素导致的不可避免的误差。但本节所述方法所得 4 116 m/s 波速是五种不同距离方案下的平均结果，并以此波速进行试验研究。

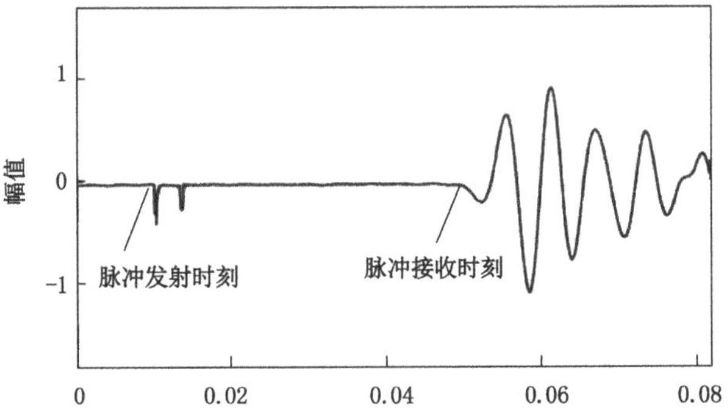

图 5-7 收发距离 20 cm 时脉冲信号

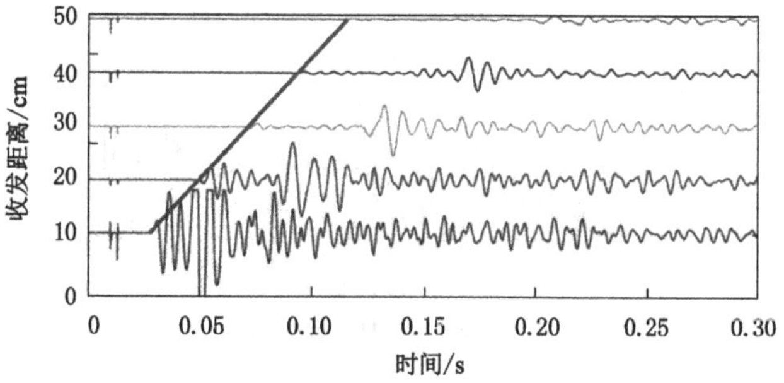

图 5-8　各收发距离方案下脉冲信号

5.1.3　冲击锤直径对冲击回波信号的影响

5.1.3.1　试验方案

由数值模拟结果可知，在曲面板中冲击接触时间也就是冲击锤的直径对信号的影响程度较小，但在以往的平面板冲击回波法的实际检测中发现，冲击锤的直径选取对检测结果的正确性是至关重要的，这与本书模拟结果得出的结论略有出入，为进一步探究在曲面板空气耦合冲击回波实际检测中冲击锤直径对信号的影响程度，以及与数值模拟结果的对比，因此本节将初步采用六种直径分别为 3 mm、6 mm、8 mm、12 mm、15 mm 和 20 mm 的钢制冲击锤对已完成的曲面衬砌进行信号分析。

本节共设置三种不同工况下各冲击锤的敲击试验，分别在深度为 26 cm 的 4# 正方形缺陷、深度为 7.5 cm 的 6# 圆形缺陷和无缺陷处进行敲击试验，并对每种敲击结果进行 PCB 麦克风的信号收集，每次敲击的位置选取在缺陷正中央，其中麦克风距敲击点的水平距离为 3 cm、垂直距离为 1～2 cm。

5.1.3.2　试验结果及分析

选取的三种工况下，冲击锤直径分别为 3 mm、8 mm、12 mm 和 20 mm 敲击作用下的 PCB 麦克风检测频谱结果，如图 5-9～图 5-11 所示。

统计各工况下接收到的信号，见表 5-1～表 5-3。

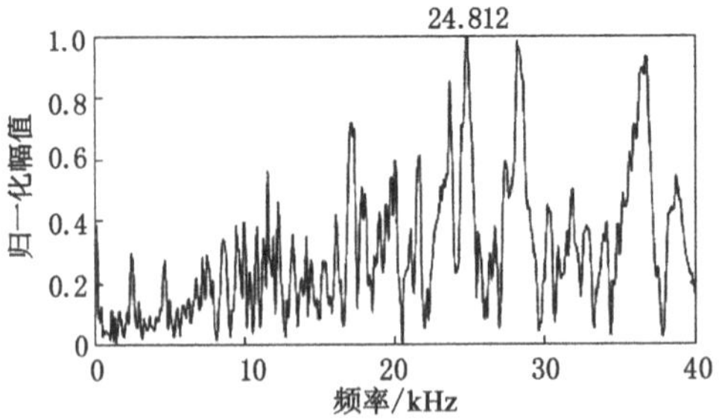

(a) 小球直径3 mm频谱

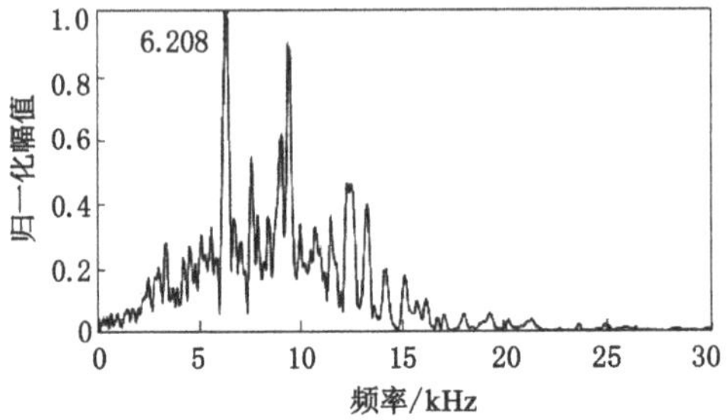

(b) 小球直径8 mm频谱

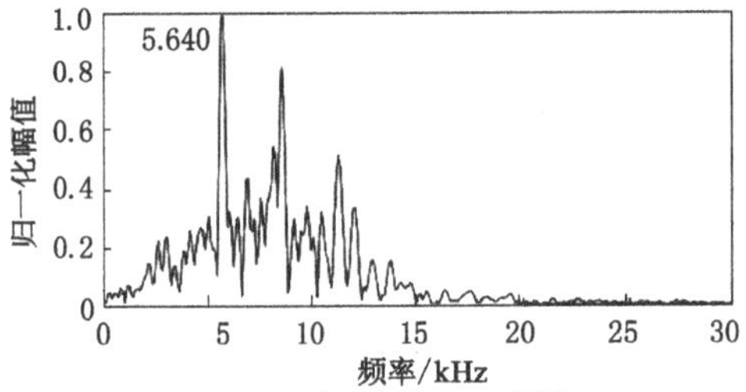

(c) 小球直径12 mm频谱

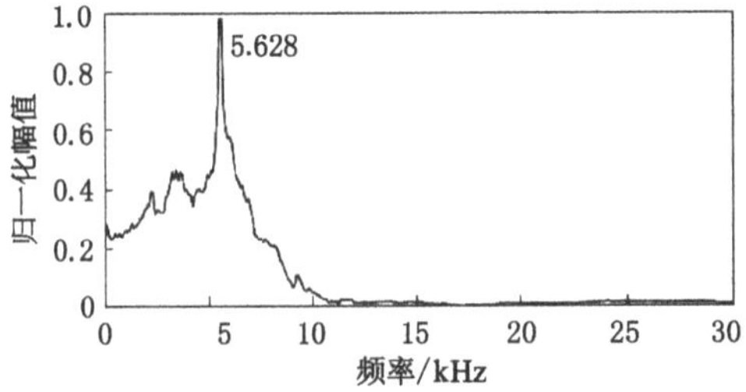

(d) 小球直径20 mm频谱

图 5-9　无缺陷工况下各冲击锤 PCB 麦克风检测频谱结果

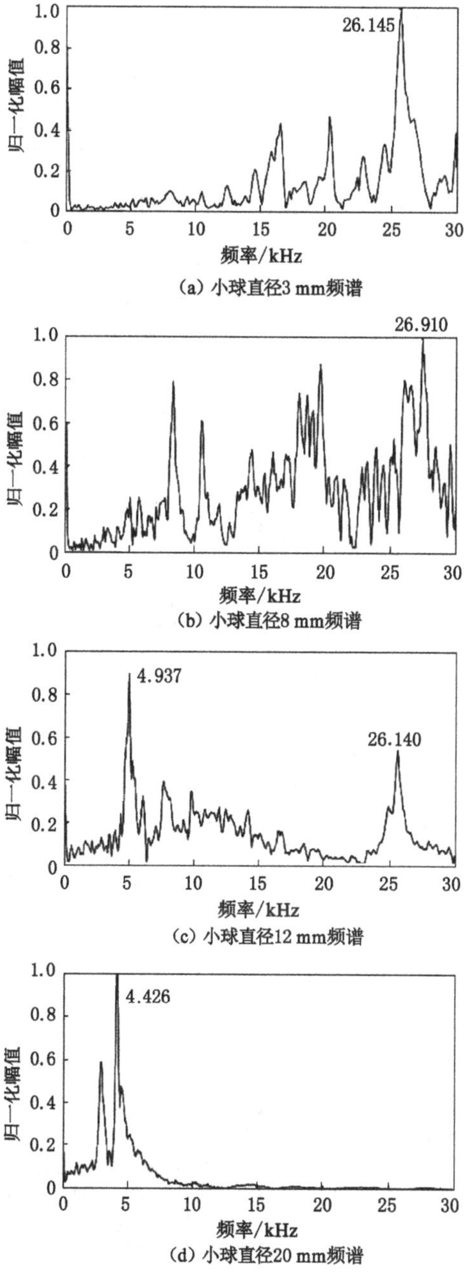

(a) 小球直径3 mm频谱

(b) 小球直径8 mm频谱

(c) 小球直径12 mm频谱

(d) 小球直径20 mm频谱

图 5-10　深度 7.5 cm 的 6# 缺陷处各冲击锤 PCB 麦克风检测频谱结果

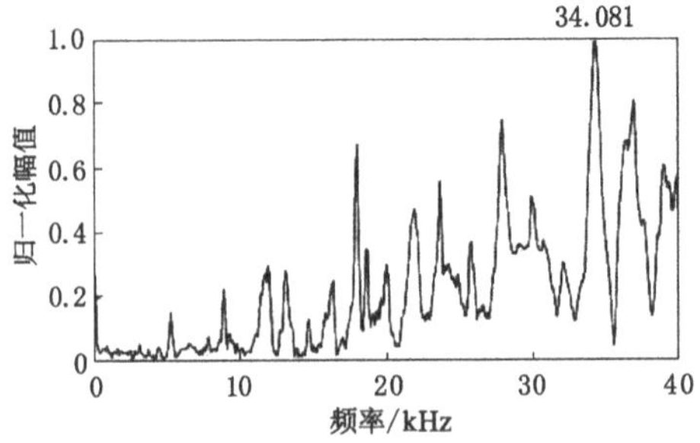

(a) 小球直径3 mm频谱

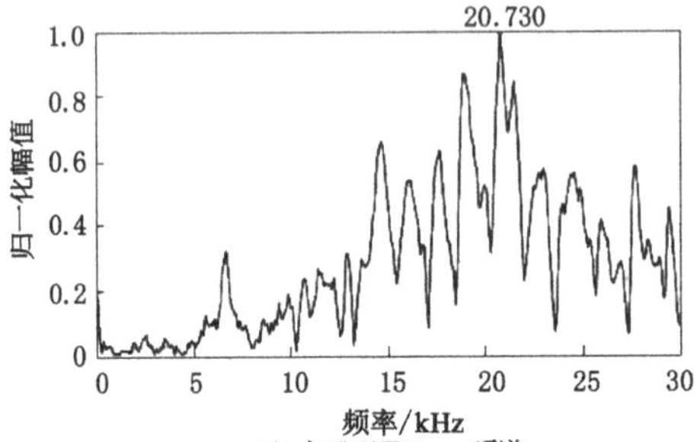

(b) 小球直径8 mm频谱

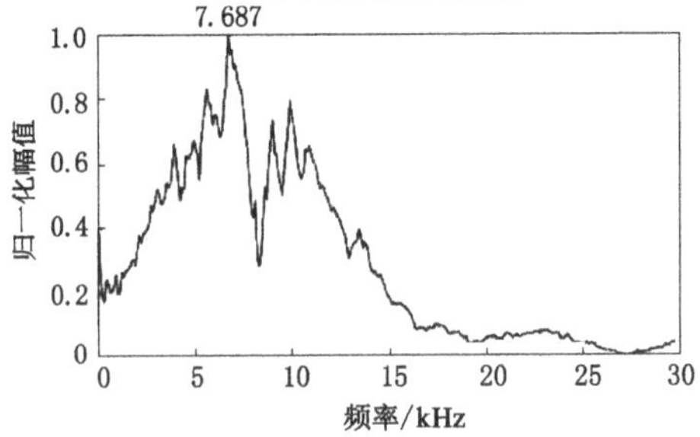

(c) 小球直径12 mm频谱

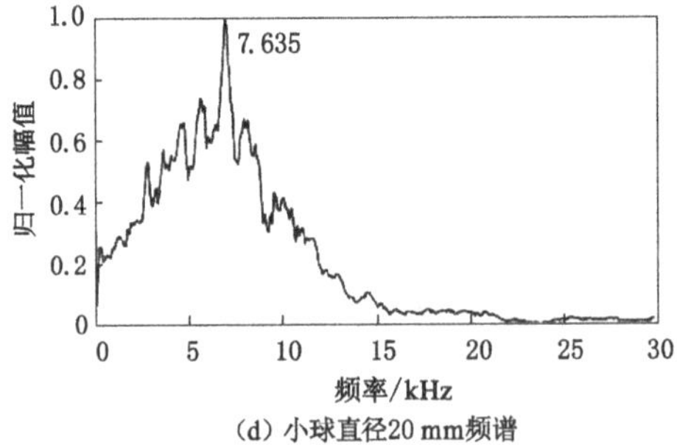

(d) 小球直径20 mm频谱

图 5-11　深度 26 cm 的 4# 缺陷处各冲击锤 PCB 麦克风检测频谱结果

表 5-1　无缺陷工况下不同直径小球响应频率

工况	小球直径/mm	理论频率/Hz	实测频率/Hz	相对误差/%
无缺陷	3	5 645	24 812	—
	5		23 350	—
	8		6 208	9.97
	12		5 640	0.09
	15		5 735	1.59
	20		5 628	0.30

表 5-2　缺陷深度 7.5 cm 工况下不同直径小球响应频率

工况	小球直径/mm	理论频率/Hz	实测频率/Hz	相对误差/%
缺陷深度 7.5 cm	3	26 343	26 145	0.75
	5		25 700	2.44
	8		26 910	2.15
	12		4 937	—
	15		4 783	—
	20		4 426	—

表 5-3　缺陷深度 26 cm 工况下不同直径小球响应频率

工况	小球直径/mm	理论频率/Hz	实测频率/Hz	相对误差/%
缺陷深度 26 cm	3	7 599	34 081	—
	5		26 080	—
	8		20 730	—
	12		7 687	1.16
	15		7 709	1.45
	20		7 635	0.47

由图5-10～图5-12和表5-1～表5-3分析可知，对于无缺陷工况下，板厚为35 cm其对应的理论频率为5 645 Hz。当采用直径小于8 mm的小球作为激励源时，采集到的信号频率很高，而且频谱成分比较杂乱，其主频一般都达到20 000 Hz以上，并不能检测到有效的信号；当小球直径为大于或等于12 mm时，所测得的频率分别为5 640 Hz、5 735 Hz和5 628 Hz，与理论频率十分接近且误差率能够控制在1%左右，基本达到了检测的要求。对于缺陷深度为26 cm的工况条件下，其响应特性与无缺陷情况下类似，在理论频率为7 599 Hz情况下，只有当小球直径达到12 mm及以上时才能比较准确地测到缺陷的深度信息且误差保持在1%左右，而小球直径小于或等于8 mm时得不到有效的频谱。在缺陷深度为7.5 cm工况下，其响应特性与深度较大的缺陷工况恰恰相反，当小球直径小于或等于8 mm时其实测频率基本稳定在26 000 Hz左右，与理论频率正好对应，并且误差在2%左右，而对于小球直径大于或等于12 mm的情况，其响应的频谱峰值频率普遍较低，在4 500 Hz左右。

由此可得，对于缺陷深度较深的工况条件，小直径的钢球产生的能量小、频率高，其产生的应力波在混凝土内部衰减较快，并不能有效测得深度较深的缺陷信息，而采用直径在12 mm及以上的小球时，能够产生能量更强、频率较低而波长更长的应力波，其抗干扰能力较强，因而得到的结果较准确。当缺陷埋深较浅时，对于大直径的小球，由于其产生的频率有限，并不能有效激发冲击回波模态，而是产生了另一种模态——弯曲模态，这种模态下其缺陷上部局部混凝土发生整体类似鼓面的振动，这种模态频率相对于冲击回波模态更低，因而其频谱的峰值频率都在4 000 Hz左右，而用小直径的小球敲击时，能够测到与理论厚度频率很接近的峰值，虽然与理论频率对应较好，但目前并不能确定用小球敲击对浅层缺陷就是有效的，因为在无缺陷和缺陷深度26 cm工况下，经试验同样得到了26 000 Hz左右的频谱。值得注意的是，在图5-10(c)中，当用直径为12 mm的小球敲击时，除主频4 937 Hz外，还测得了26 140 Hz较低的峰值，这说明当小球直径不断减小，对于缺陷深度7.5 cm工况下是能够测到其对应的冲击回波频率的。

综合以上分析，实际检测中在缺陷工况未知的条件下，只能利用直径较大的小球作为激励源，因为小直径的小球检测深度有限，对于深度较深的缺陷并不能得到有效的频率信息，而大直径的小球检测深度较大，而缺陷较浅时，其峰值会发生突变，其主频普遍很低，据此就能判断出缺陷较浅，并且若小球直径选取适当，根据频谱成分依旧有可能判断出浅层缺陷的深度信息。

5.1.4　不同缺陷工况下对冲击回波信号的影响

5.1.4.1　试验方案

前面章节已经在数值模拟理想状态下分析了不同缺陷工况时声波信号的响应特性，为进一步分析数值模拟结果的正确性以及实际检测中与理想状态下的区别，本节将对曲面板中各预埋缺陷进行信号的响应分析。在上一节中探讨了冲击锤直径对信号的影响特性，综合考虑对缺陷检测的有效性和多次现场检测，发现用直径最大的 20 mm 小球进行检测时，信号比较稳定，检测效果较好。

各缺陷布置位置和深度信息已在图 5-1 中给出，考虑到声阻抗差异性越大检测效果越明显，因此缺陷材料采用泡沫板，泡沫板的厚度为 1 cm。

试验时，将敲击点置于缺陷上部正中心，为消除设备带来的影响，分别采用 PCB 麦克风、MEMS 全向麦克风和加速度传感器进行检测。每次敲击时，麦克风置于距敲击点水平距离 3 cm、垂直距离 1 cm 位置，加速度传感器粘贴在距敲击点水平距离 3 cm 位置。

5.1.4.2　试验结果及分析

深度为 215 mm 的 3# 缺陷和深度为 75 mm 的 5# 缺陷检测结果如图 5-12 和图 5-13 所示。

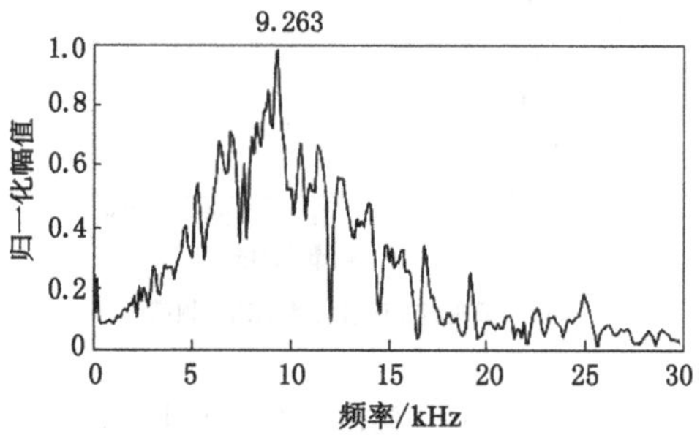

(a) 3#缺陷PCB麦克风FFT频谱

图 5-12　3# 缺陷两种探头 FFT 频谱

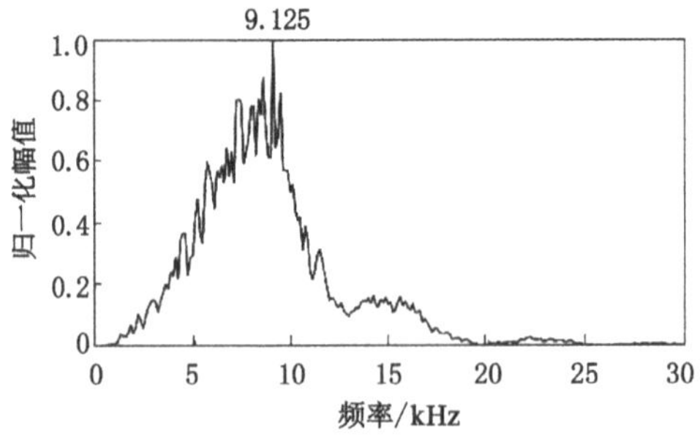

(b) 3#缺陷加速度传感器FFT频谱

图 5-12(续)

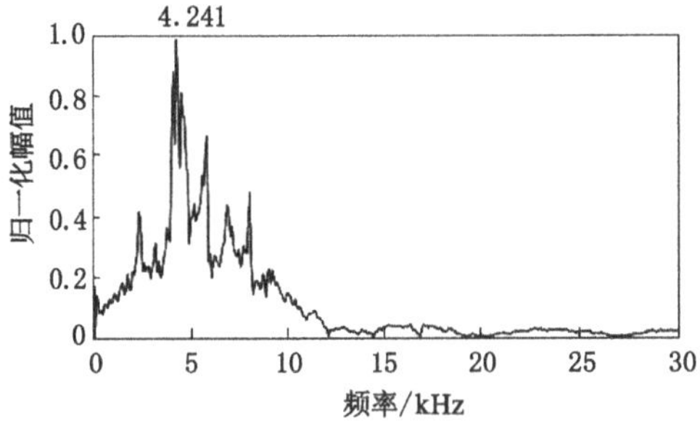

(a) 5#缺陷PCB麦克风FFT频谱

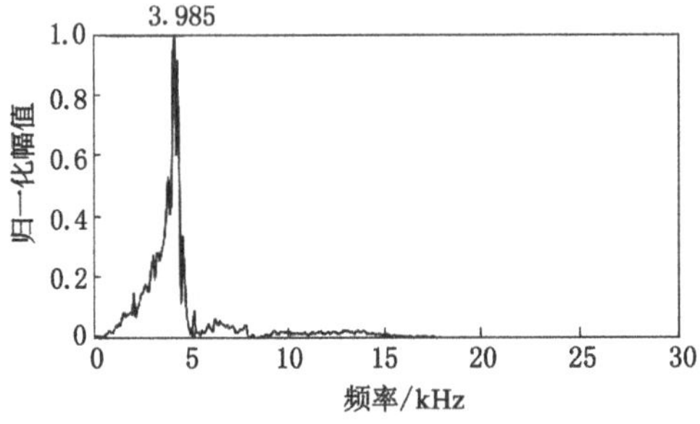

(b) 5#缺陷加速度传感器FFT频谱

图 5-13 5# 缺陷两种探头 FFT 频谱

各缺陷处两种探头检测结果见表 5-4 和表 5-5。

表 5-4　PCB 麦克风检测结果

缺陷编号	缺陷深度/mm	理论频率/Hz	检测频率/Hz	检测深度/mm	相对误差/%
1#	275	7 184	6 588	300	9.0
2#	75	26 343	4 645	弯曲模态	—
3#	215	9 189	9 263	213	0.8
4#	260	7 599	7 635	259	0.5
5#	75	26 343	4 241	弯曲模态	—
6#	75	26 343	4 026	弯曲模态	—
7#	260	7 599	5 573	355	36.4
8#	260	7 599	7 435	266	2.2
9#	260	7 599	7 338	269	3.6
10#	75	26 343	3 570	弯曲模态	—

表 5-5　加速度传感器检测结果

缺陷编号	缺陷深度/mm	理论频率/Hz	检测频率/Hz	检测深度/mm	相对误差/%
1#	275	7 184	6 407	308	12.1
2#	75	26 343	4 641	弯曲模态	—
3#	215	9 189	9 125	217	0.7
4#	260	7 599	7 487	264	1.5
5#	75	26 343	3 985	弯曲模态	—
6#	75	26 343	3 919	弯曲模态	—
7#	260	7 599	5 638	350	34.8
8#	260	7 599	7 702	257	1.4
9#	260	7 599	7 362	268	3.2
10#	75	26 343	3 310	弯曲模态	—

注：1#、7#异常值分析见下文。

由图 5-12 和图 5-13 可得:对于深度为 215 mm 的 3# 缺陷其理论峰值频率为 9 189 Hz,采用两种不同传感器接收到的信号差异比较小,分别为 9 263 Hz 和 9 125 Hz;深度为 75 mm 的 5# 缺陷对应的理论峰值频率应为 26 343 Hz,由前面章节所得结论可知,在缺陷深度较浅时,用大直径的小球很难激发冲击回波模态,取而代之的是弯曲模态,所以检测到的信号峰值频率较低,为 4 241 Hz 和 3 985 Hz。从两种不同方式检测结果来看,接触式的加速度传感器效果最好,其频谱成分较为单一,并且峰值频率也更加接近理论频率,误差较小,而麦克风检测到的频谱成分较为杂乱。这是由于麦克风不可避免地会受到敲击力的直达声波和环境噪声的影响,在试验过程中甚至会出现难以判断峰值频率的个别情况。

从表 5-4 和表 5-5 中的统计结果来看,两种传感器缺陷检测结果比较统一,而 1# 缺陷的两种传感器检测结果普遍偏小,可能的原因是由于缺陷浇筑过程中由于混凝土冲击力较大,致使该缺陷发生了深度的变化或者发生了偏移,使得其不再平行于构件上表面从而使峰值频率发生偏移。7# 缺陷检测结果误差率较大,且其值普遍在 5 600 Hz 左右,而 5 600 Hz 与板的实际厚度频率接近,一种原因同样是浇筑时混凝土的冲击力使缺陷发生了位置的偏移或损坏,导致该处并没有预设计的缺陷,另一种原因是缺陷深度较大,检测过程中发生了应力波的绕射现象,从而直接检测到了板底的频率,没有检测到缺陷处的深度频率。考虑到实际浇筑中为提高试验效率采用了商业混凝土,其倒料口距板面距离较高且集中在板的中部位置,而检测结果不佳的缺陷 1# 和 7# 均处于板中心位置,因此最可能的原因是两块缺陷由于混凝土浇筑时的冲击力均发生了不同程度的损坏。注意 9# 缺陷和 10# 缺陷的预埋位置均处于衬砌板的异形锚固接口位置,该处缺陷上部只有一部分板是平面,其结果均由平面位置处取得,对于深度较深的 9# 缺陷,其两种传感器的检测结果误差率分别为 3.6%、3.2%。这说明冲击回波模态是一种局部发生的模态,只要敲击点附近某一块区域是平整的,其结果并不受远离敲击点区域平整度的影响,而 10# 缺陷埋深较浅,其检测到的频率分别为 3 570 Hz 和 3 310 Hz,相较于同一深度的其他缺陷,其产生的频率偏低,从结果可得出,当埋深较浅的缺陷发生弯曲模态时,其振动模态的主频率会受到混凝土表面形状的影响,也就是缺陷上部的局部混凝土块体形状发生了改变从而引起振动频率的偏移,另一种可能的原因是该缺陷向上发生了偏移导致弯曲模态的振动频率变低。

从两种探头 FFT 频谱的检测结果来看，加速度传感器检测效果最好，因为其时域信号完全是由振动加速度引起的，而 PCB 麦克风检测误差相对较大。但是接触式的加速度传感器受限于其苛刻的检测条件使得效率大大降低，并不能在实际应用中大量投入使用，基于空气耦合的 PCB 麦克风虽会受到直达声波和噪声的影响，但检测效率成倍提高，而该问题可用物理隔音和信号滤波等手段使得信号成分更加纯粹单一，因此，PCB 麦克风的应用前景更加广泛。

为更全面地评价不同缺陷工况下信号的响应特性，对 PCB 麦克风在 1# ～10# 缺陷的信号进行基于 MATLAB 的时频分析，部分结果如图 5-14 所示。

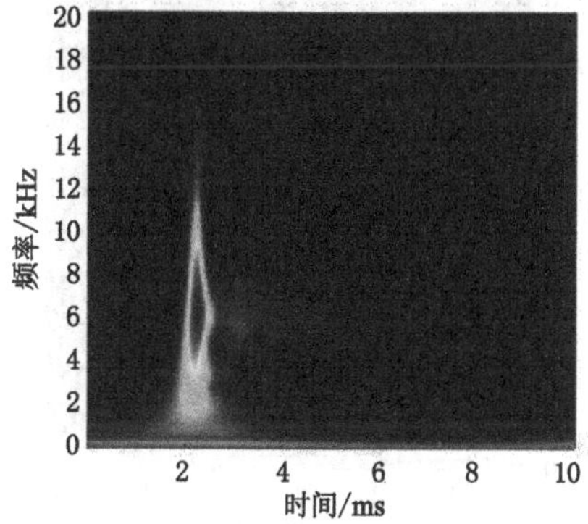

(a) 1#缺陷时频分布

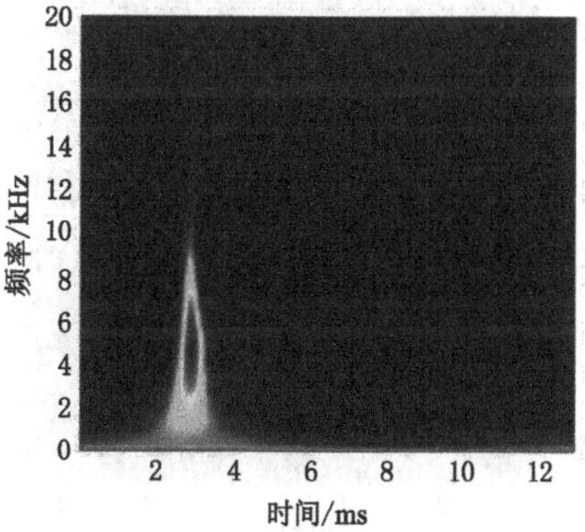

(b) 2#缺陷时频分布

图 5-14　1# ～10# 时频分布图

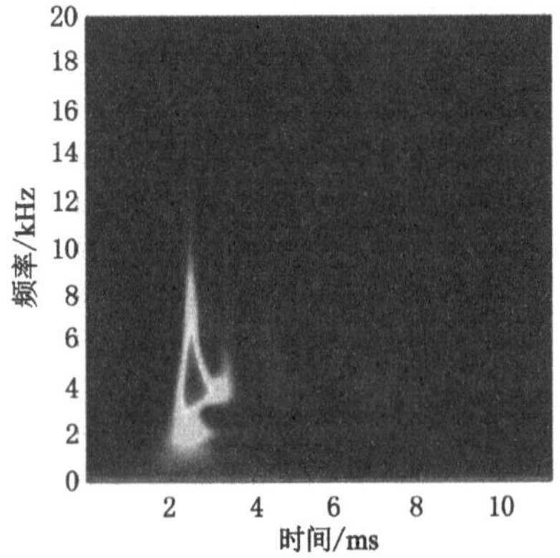

（c）5#缺陷时频分布

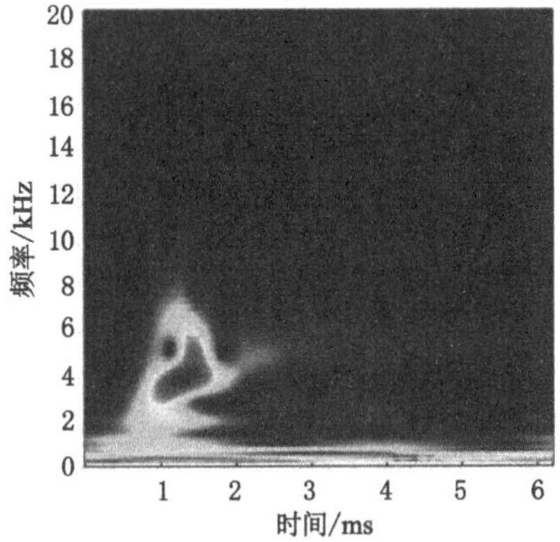

（d）6#缺陷时频分布

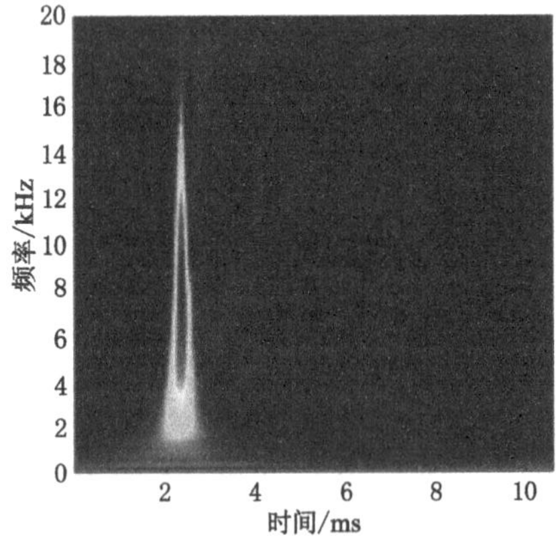

（e）9#缺陷时频分布

图 5-14(续)

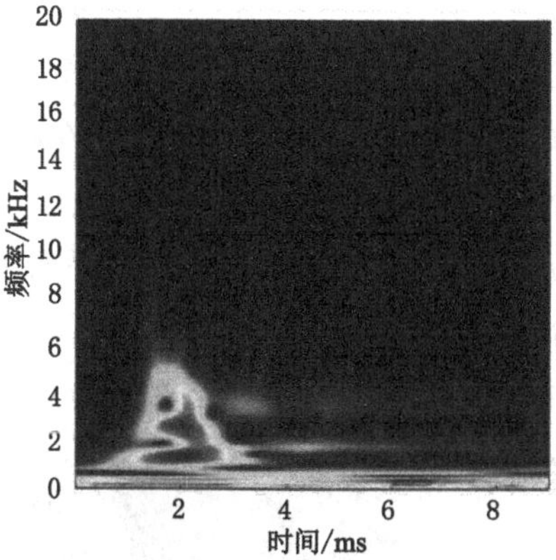

(f) 10#缺陷时频分布

图 5-14(续)

上述各检测信号的总时长为 10 ms,图中横轴为信号时间,纵轴为频率,能量图代表各频率成分的幅值,各能量图能量最大处对应其频谱的峰值频率。以 5# 缺陷为例,其幅值最大处对应频率约为 4 000 Hz,对应其峰值频率为 4 241 Hz。由各缺陷的时频分布可知:对于深度较浅的 2#、5#、6#、10# 缺陷,其频带分布较为集中,对应的峰值频率的衰减相对较慢,基本能够持续 1 ms 左右;对于深度较大的 1#、3#、4#、7#、8#、9# 缺陷,其频带分布较宽,对应的峰值频率的衰减很快,注意由于 7# 缺陷的损坏,该处测得的信号是实际板厚的时频分布图,与其他较深缺陷的信号特点是相似的。这说明曲面板中冲击回波模态相较于弯曲模态衰减更快,而其频带分布更宽,弯曲模态由于频率较低,衰减更慢,频带分布更集中。基于这些特点,在实际检测中可以根据信号的时频分布图的带宽,以及最大能量对应的频率和信号衰减快慢来判断曲面板中缺陷的深浅。

5.1.5　敲击位置及测点距离对冲击回波信号的影响

5.1.5.1　试验方案

在前面的数值模拟部分已得到了理想状态下空气中测点距敲击距离的理想范围和敲击点在缺陷上部不同位置处的冲击回波响应特性。本小节分别研究 PCB 麦克风和加速度传感器在不同位置处信号的响应特性,以及敲击位置的改变对信号的影响。

根据前面章节结论，继续采用检测效果较好的 20 mm 直径钢球作为激励源，在深度为 21.5 cm 的 3# 缺陷上部将敲击点布置在缺陷中心，首先将 PCB 麦克风和加速度传感器分别布置在板的环向和纵向距敲击点 3 cm 处，当测点位于环向时波在曲面中传播，当测点位于纵向时波在平面中传播。

测点距离的研究分为测点距敲击点的水平距离和麦克风距测点的垂直距离，继续将敲击点布置在 3# 缺陷中心，各测点布置示意如图 5-15 所示。

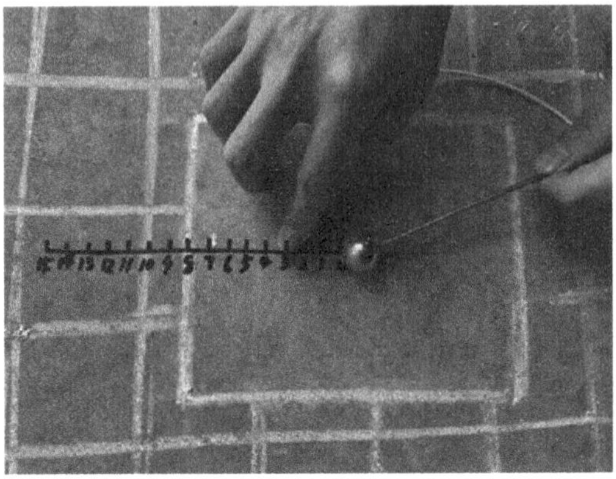

图 5-15　测点布置示意图

测点距敲击点的水平距离分别设置为 1～15 cm，间隔 1 cm，分别采用加速度传感器和 PCB 麦克风进行信号的检测。在垂直方向上，根据水平距离的试验结果选取信号特征明显的水平距离进行垂直测点的布置，分别设置为 3 cm、5 cm、7 cm、10 cm、12 cm、15 cm 进行试验。

敲击位置的研究同样采用 3# 缺陷，敲击点布置在 3# 缺陷中心，测点距敲击点的水平距离为 0～11 cm，其中 0 cm 位于缺陷的正中心。

5.1.5.2　试验结果及分析

由第 3 章数值模拟结果可知，当信号测点布置在环向和纵向时，经过时域信号加窗处理后，两者所测得的信号峰值频率基本一致，经试验检测后的结果如图 5-16 和图 5-17 所示。

对比上述加速度传感器和 PCB 麦克风所得结果可知，无论使用哪种检测方式，在环向和纵向布置传感器所接收到的信号峰值频率差别很小，3# 缺陷的

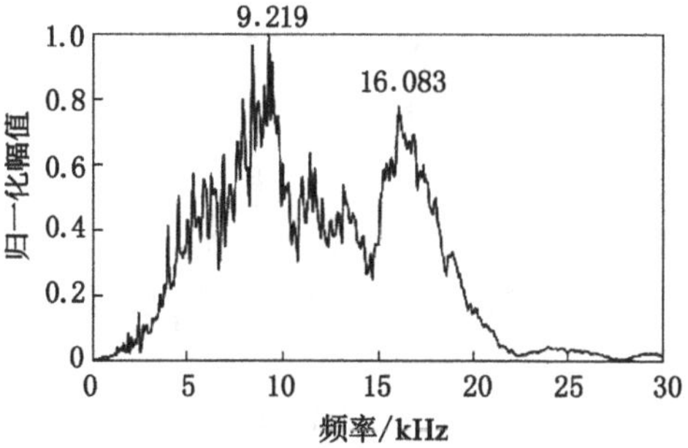

(a) 加速度传感器纵向布置频谱

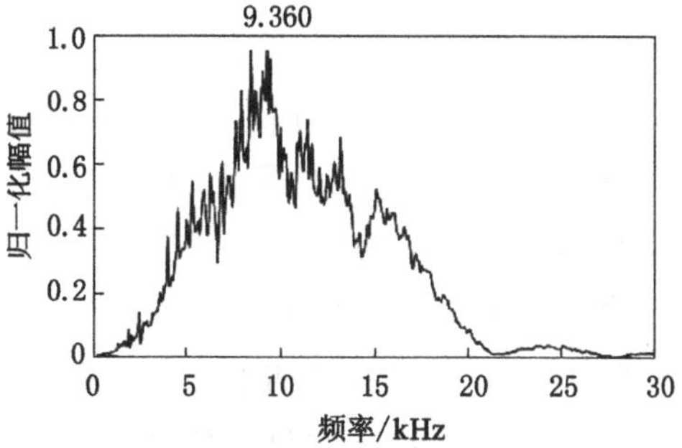

(b) 加速度传感器环向布置频谱

图 5-16　加速度传感器纵向和环向布置信号频谱

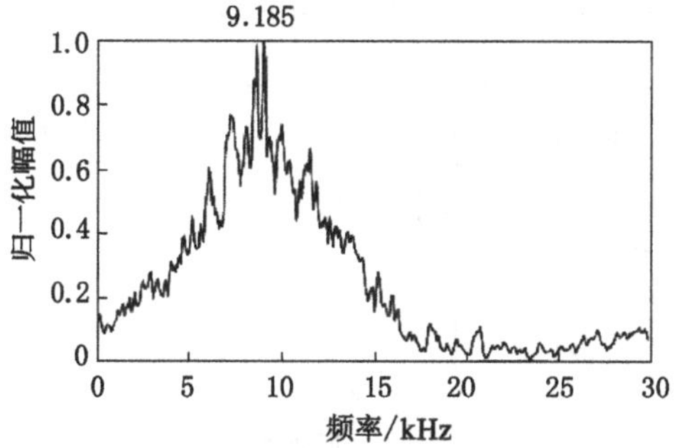

(a) PCB麦克风纵向布置频谱

图 5-17　PCB 麦克风纵向和环向布置频谱

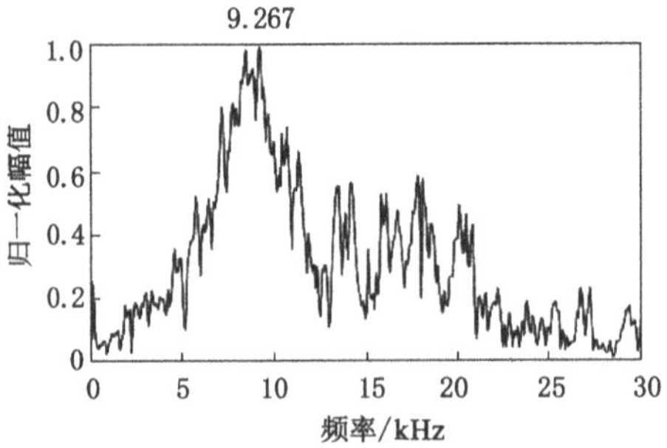

(b) PCB麦克风环向布置频谱

图 5-17(续)

理论频率为 9 189 Hz,四种检测结果分别为 9 219 Hz、9 360 Hz、9 185 Hz 和 9 267 Hz,与理论频率相差很小,达到了检测的效果。同时与数值模拟所得结论也保持了统一。因此,经模拟和试验的验证,在曲率半径为 2.75 m、厚度为 35 cm 的曲面衬砌中,当敲击表面某个点时,其局部所产生的冲击回波模态与平面板状态下所产生的差别很小,虽然在环向波的传播路径变为曲面,但由于曲率半径较大,在敲击点局部其表现出的频谱峰值频率仍与平面状态下一致,无论传感器的布置方向是纵向还是环向,其所得结果均能较好地契合理论计算所得的频率。

5 cm 和 15 cm 处 PCB 麦克风信号对比如图 5-18 所示;PCB 麦克风和加速度传感器水平距离峰值频率统计如图 5-19 所示。

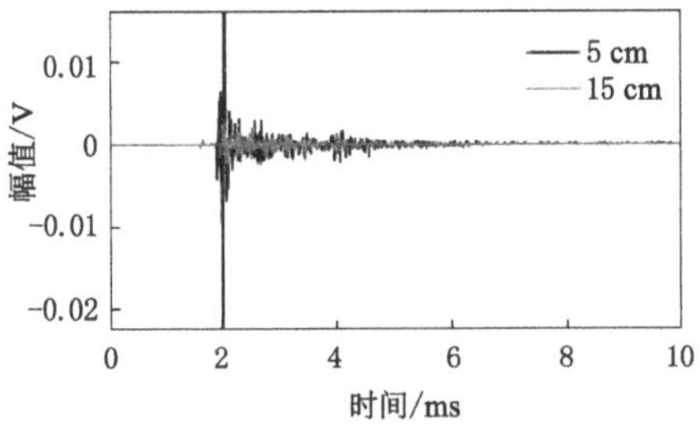

(a) 5 cm处和15 cm处PCB麦克风时域信号

图 5-18 5 cm 和 15 cm 处 PCB 麦克风信号对比

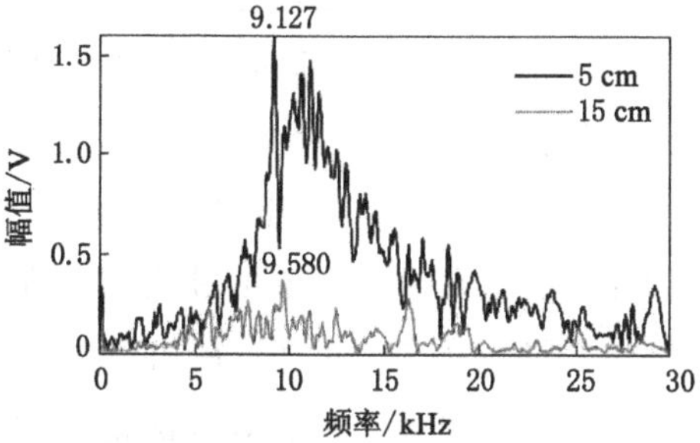

(b) 5 cm处和15 cm处PCB麦克风频谱信号

图 5-18(续)

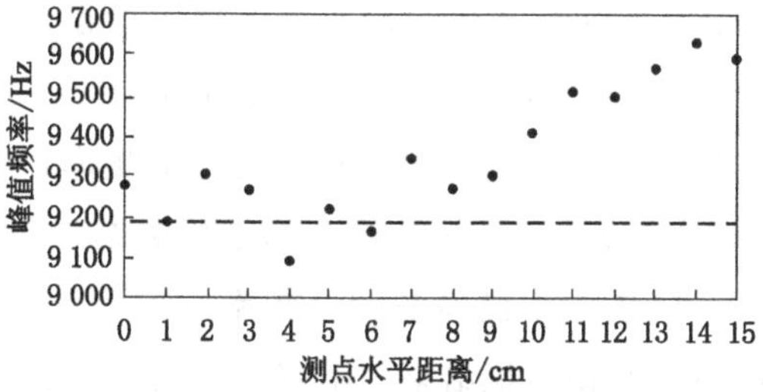

(a) PCB麦克风各水平距离下峰值信号

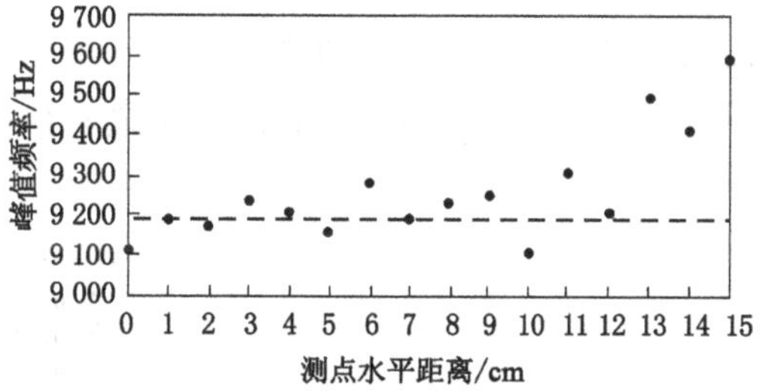

(b) 加速度传感器各水平距离下峰值信号

图 5-19　PCB 麦克风和加速度传感器水平距离峰值频率统计

由图 5-18 可得，当麦克风距敲击点水平距离小于 5 cm 时信号较为强烈，并且经加窗 FFT 后得到的峰值频率为 9 127 Hz，与理论厚度频率 9 189 Hz 十分接近，而当距离扩大到 15 cm 时，时域信号和频谱信号均出现了较大幅度的衰减，同时在水平距离 15 cm 情况下信号的主频率发生了明显的偏移，并且频谱成分复杂，出现多个峰值，在实际检测中很可能对主频的判断造成干扰。

由图 5-19 可得，在 PCB 麦克风和加速度传感器两种探头下的 15 组数据中，加速度传感器所接收到的信号峰值频率更加稳定，同时有效距离也更大，直到 13 cm 以后才出现了较为明显的偏差，而 PCB 麦克风在距离扩大到 10 cm 以后就出现了较为明显的偏差。这是由于泄漏的冲击回波在空气中衰减很快，而加速度传感器是基于试件表面的振动，应力波在固体中的传播距离更远，因而加速度传感器的有效检测范围也更大。在有效检测范围内，两种方式所得峰值频率均在虚线附近浮动（虚线代表理论频率），这表明 PCB 麦克风在 10 cm 范围内对试件内部缺陷的检测是有效的，但同时又由于每次敲击力度、接触时间和环境噪声的变化有着微弱的随机性。

接下来再看 PCB 麦克风在 4 组不同垂直距离下的试验结果，如图 5-20 所示。对比图中 4 组垂直距离分别为 3 cm、5 cm、7 cm、15 cm 工况下用 PCB 麦克风检测信号的频谱，图中虚线为理论频率对应的峰值频率，在 3 cm、5 cm、7 cm 距离下峰值频率与虚线较为接近，并且距离越小检测结果越准确，而当垂直距离扩大到了 15 cm 时，峰值频率已经与理论频率有了较大的偏移，这与数值模拟结果是相对应的，然而数值模拟结果中随着距离的加大频谱中弯曲模态的频率逐渐占据主导，而实际检测中并未发现有低频的峰值出现，这说明理想状态和实际工况下频谱的成分是有区别的，弯曲模态在实际检测中只有在缺陷深度较浅的情况下才会出现，而对于深度较深的缺陷并未像数值模拟结果那样激发出其弯曲模态。

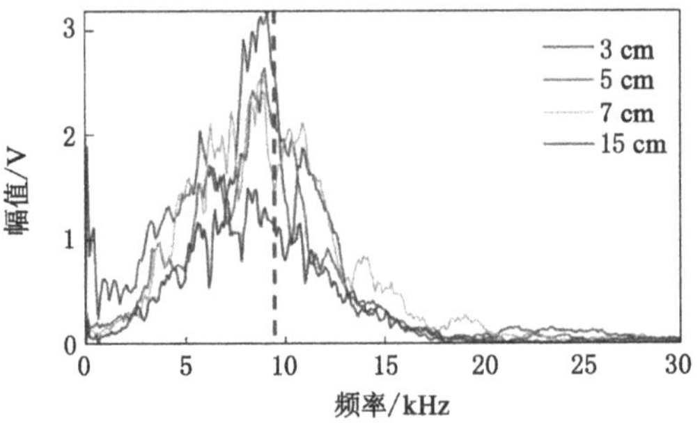

图 5-20　各典型距离工况下 PCB 麦克风频谱对比

对其各工况下所激发的零群速 S_1 模态峰值频率对应幅值进行归一化统计，如图 5-21 所示。

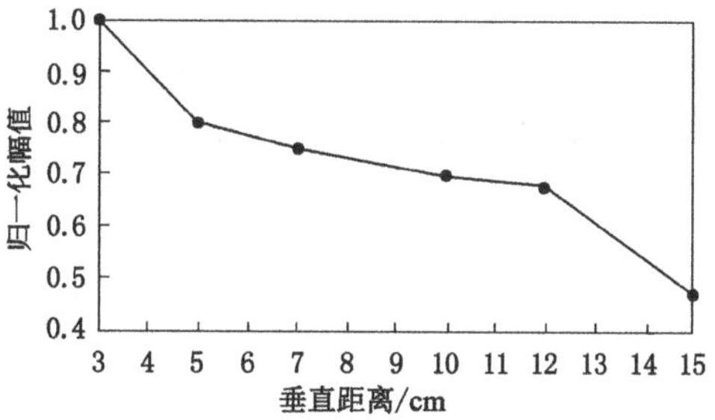

图 5-21　各垂直距离工况下频谱最大归一化幅值

与数值模拟结果相似，随着麦克风距敲击点垂直距离的不断加大，其零群速 S_1 模态主频对应的幅值逐渐衰减，当垂直距离扩大到 15 cm 时，其最大幅值已衰减到 3 cm 时的一半。

综合以上分析，在曲率半径较大的曲面板中敲击点局部发生的冲击回波模态可近似于一个平面中发生的共振模态，同时基于实际环境的各种干扰因素，麦克风的有效检测距离相比模拟状态的范围更小，并且随着距离的不断增加其信号频谱的最大幅值不断衰减，可判断性也逐渐降低，因此麦克风距敲击点的绝对距离越近，其得到的信号对缺陷深度越容易判断，同时发现，探头的布置与是否在缺陷内部无关，即使其布置的水平位置不在缺陷范围内，只要敲击点在缺陷上部，同样能够检测到缺陷的深度信息。

在 PCB 麦克风距敲击点水平距离 3 cm、垂直距离 1 cm 位置保持不变的情况下，敲击点位置改变的试验结果如图 5-22 和图 5-23 所示。图中虚线为 $3^{\#}$ 缺陷理论频率 9 189 Hz，由统计结果可知，当敲击点在 0～8 cm 范围内即敲击点在缺陷内部时，峰值频率的波动较小，能够稳定在理论频率附近，而敲击点在 9～11 cm 范围内时，敲击点处于缺陷范围之外，此时峰值频率降到 5 658 Hz、5 637 Hz、5 587 Hz，对应于板厚的理论频率 5 391 Hz，并且随着敲击位置远离中心，其频谱的幅值变得越来越大。试验结果和数值模拟得到的结果一致，在曲面板中的冲击回波模态的激发与敲击点和缺陷的相对位置无关，只要敲击点位于缺陷上方，其峰值频率总是能对应于该缺陷深度下的冲击回波频率。数值模拟状态和试验状态下唯一的不同是零群速 A_2 模态在实际检测中并不是那么容易激发，并且在模拟结果中发现当敲击点靠近缺陷边缘时，频谱中会包含一部分板厚频率对应的峰值，也就是说 P 波发生了绕射现象，而实际的检测结果中并未发现这种想象，说明在实际混凝土板内部成分较为复杂的情况下，绕射的 P 波发生了较大幅度的衰减而并未反射，从而激发板厚的冲击回波模态。

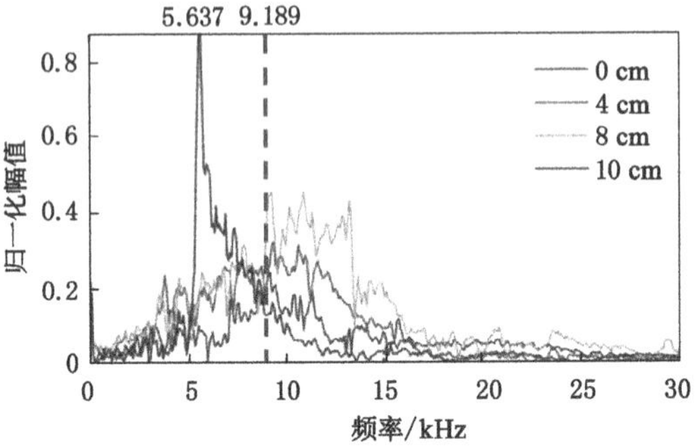

图 5-22　典型敲击位置处各频谱对比

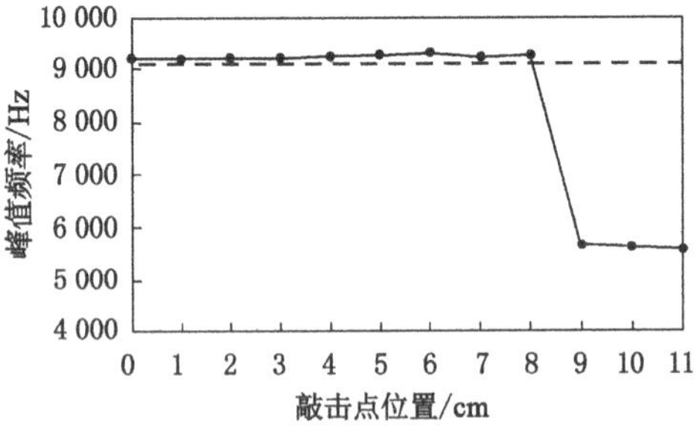

图 5-23　各敲击点位置峰值频率统计

5.2　基于空气耦合冲击回波检测的 2D 成像及其方法改进

本节将基于空气耦合冲击回波法在工程实际应用中的使用价值做进一步研究，检测结果的成像是对构件全面检测后其内部缺陷的分布深度等多种信息的体现，高质量的检测成像结果会有效降低隧道维护的成本。在传统的冲击回波成像方法中，成像的标准是基于每个测点的峰值频率并形成云图，从而判断其缺陷位置等信息，经本书试验验证发现由于检测时多种因素的干扰，检测信号的峰值频率并不是固定不变的，而是在其理论频率值附近波动，这使得成像云图分布并不均匀，对缺陷的信息判断产生了一定的干扰。因此，基于此问题，本书提出一种对其成像判定指标改进后的方法。

5.2.1　试验检测方案

检测模型为前面章节所用的曲面板，曲面板网格划分如图 5-24 所示。

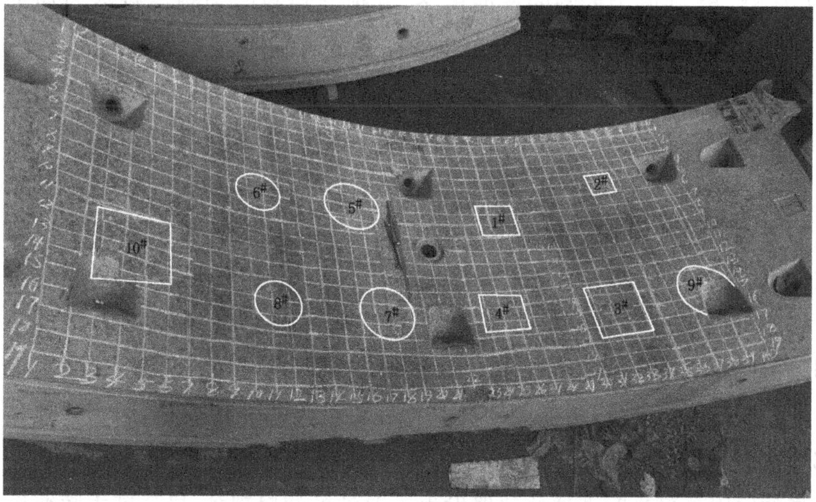

图 5-24　曲面板上表面网格划分

基于前面两节对空气耦合冲击回波的研究结论，本次针对曲面板的检测采用直径为 20 mm 的钢球，信号接收装置采用 PCB 麦克风。PCB 麦克风距敲击点的距离选取在水平距离 3～5 cm、垂直距离 1～2 cm 之间，试验之前先对两块板的上表面进行检测点网格的划分。网格间距的大小决定着最终成像的分辨率，网格划分越精细，成像分辨率越高，检测效果越好，但由于检测点数量的增长使得检测效率下降，因此选取适当的网格间距既能有效地检测出缺陷信息，又能提高检测效率。本次试验曲面板由于表面积较大，采用 6 m×6 cm 的正方形网格，并对各网格点进行数字编号。检测时，网格的交点即敲击点，对每个敲击点进行测试，并记录其相应数据，其中平面板网格点数为 19×19＝361 个，曲面板网格点数为 19×40=760 个。各点时域信号保存后,基于 MATLAB 进行加窗和 FFT 处理,并记录每个测点峰值频率,之后进行二维云图的绘制,云图横纵坐标为网格的横纵编号,云图颜色代表峰值频率的大小。基于此,就能在云图中直观地看到缺陷的位置及深度信息。

5.2.2 二维成像结果及分析

对曲面板进行检测,其二维成像云图如图 5-25 所示。由图 5-25 可以看出,该板内部共预埋 10 块缺陷对 3#、4#、5#、6#、8#、9#、10# 缺陷的检测效果明显,其中 5#、6# 缺陷为低频的弯曲模态,其他几块缺陷为频率较高的冲击回波模态,3# 缺陷频率最高,因为其埋深为 215 mm,引起的冲击回波模态频率更高。此外,试验发现 1#、2# 缺陷检测效果一般,在实际检测中内部缺陷未知的情况下,很有可能忽略其存在,1# 缺陷可能的原因是发生了位置的偏移,而 2# 缺陷可能的原因是其尺寸较小、埋深较浅,引起的弯曲模态频率也更高,导致频率值与板的厚度频率十分接近而难以分辨。前文发现 7# 缺陷处并未有对应的冲击回波频率,在云图中发现其左下方出现一块损伤区域,证明 7# 缺陷确实由于混凝土浇筑等因素发生了损坏而出现位置偏移。由于曲面衬砌上表面有 7 个异形凹陷的铆接口,该处没有测点数据,值得注意的是,在每个铆接口位置附近均发生了云图颜色的变化,该处频率与其他完好处频率相比偏低,因为这些铆接口内部均预埋了接口套筒,一个可能的原因是套筒埋深较浅引发了弯曲模态,另一个可能的原因是敲击时在这些位置发生了 P 波的绕射现象,导致其主频变低。

5.2.3 成像判定指标的改进

利用峰值频率形成的二维检测云图基本达到了检测板内部缺陷情况的目的,但同时发现了一些问题。在实际检测中,当人为施加敲击作用时,其力度很难保持每次都一致,因而小球与板的接触时间也有着细微的变化,由前面章节的研究可知,当小球敲击接触时间不同时,实际检测中会使频谱峰值频率发生一定量的偏移,同时麦克风与敲击点相对位置也并不能保证每次敲击时都完全一致,再加上环境噪声的不断变化,这些多重因素最终导致在同一处进行敲击检测时,其峰值频率并不是固定不变的,而是在其理论峰值频率值附近某一范围内波动的,因而在图 5-26 检测结果中可以看到在板的无缺陷处其云图的颜色

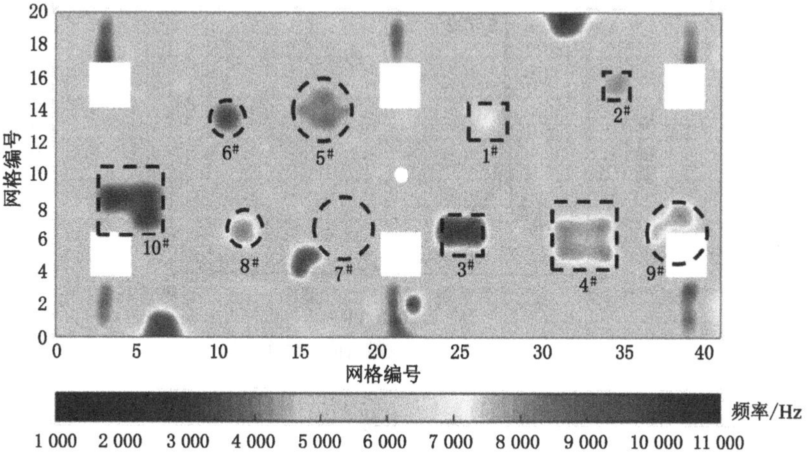

图 5-25　曲面板的二维成像云图

分布并不单一，检测的随机性导致了云图颜色分布的不均匀性。当内部某一缺陷其理论主频接近波动范围时，例如曲面板中的 1#、2# 缺陷其峰值频率为 6 588 Hz 和4 645 Hz 这两个值都很接近 5 000～6 000 Hz 这一范围，在实际检测缺陷位置未知的情况下，因为其峰值频率对应的云图颜色与无缺陷处云图颜色很难区分，很容易忽略这两个缺陷的存在。造成这种现象的原因就是检测时信号的随机波动性。如图 5-26 所示为同一测点处用相同直径小球敲击所得的频谱，两次所测信号频谱成分是相似的，但其峰值频率并不相同。

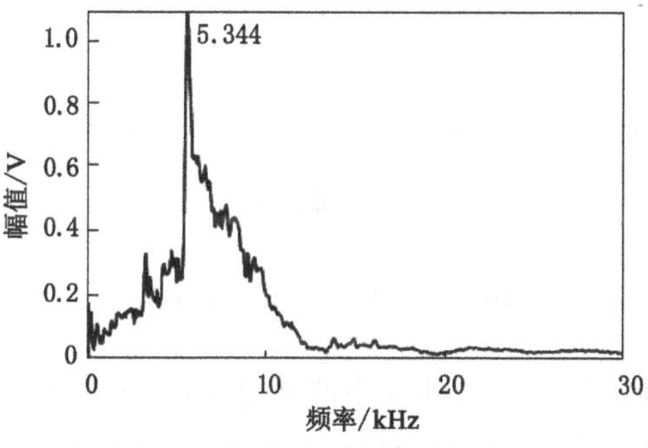

(a) 第一次敲击信号频谱

图 5-26　相同小球在同一测点两次敲击所得的信号频谱

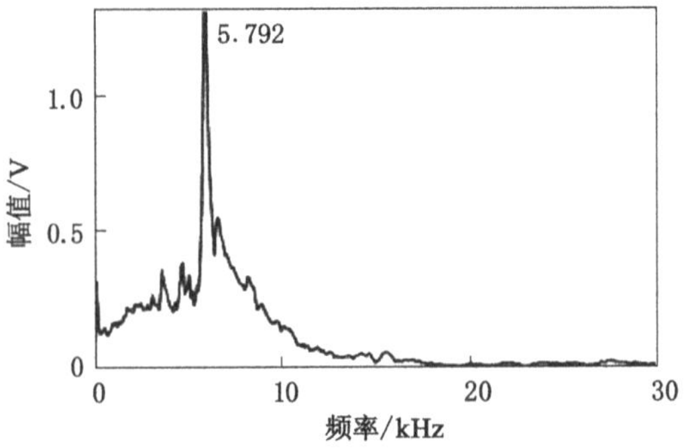

(b) 第二次敲击信号频谱

图 5-26(续)

因此针对这一问题进行成像判定指标的改进,从而优化基于空气耦合冲击回波的最终检测成像结果。

对曲面板的检测峰值频率进行统计,结果如图 5-27 所示。

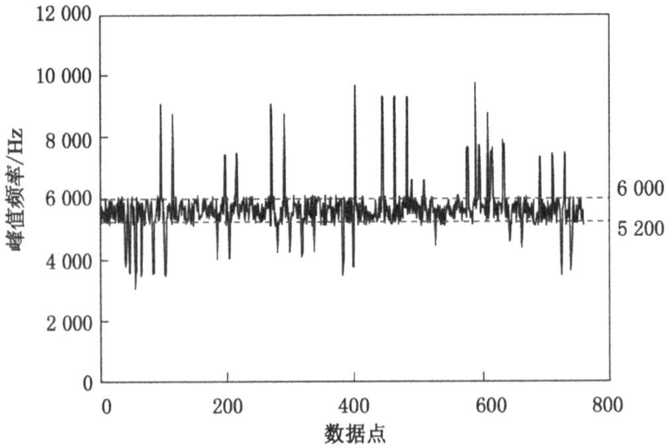

图 5-27　检测峰值频率统计

由图 5-27 可判定其无缺陷处频率波动范围(5 200～6 000 Hz)。当对曲面板进行检测时,考虑峰值频率的随机性,峰值频率的值落在 5 200～6 000 Hz 之间时即认为该测点下部无缺陷。

考虑到在有缺陷区域信号中也包含有板全厚对应冲击回波频率，但其能量往往更小，而在无缺陷区域板全厚对应的冲击回波频率能量更大，本书建立新的损伤指标 Pb，其计算公式如下：

$$Pb = \frac{(\max|X_2|)^2}{(\max|X_1|)^2}$$

式中：$\max|X_1|$ 为原始信号经 FFT 变换后频谱的峰值频率对应的幅值；$\max|X_2|$ 为信号经滤波后频谱峰值频率对应的幅值。

成像判定指标的改进原理如图 5-28 所示。

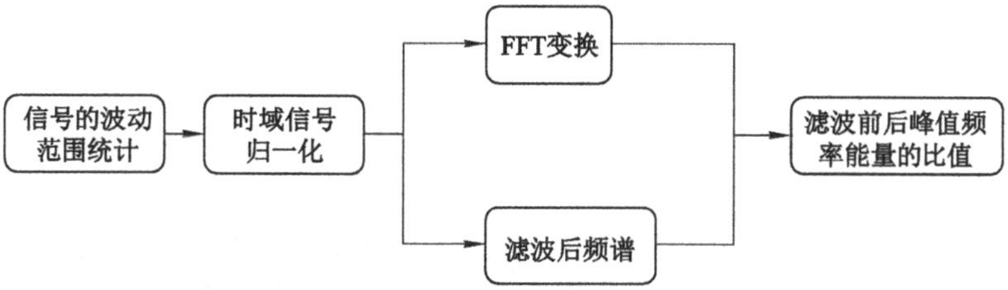

图 5-28　成像判定指标的改进原理图

对检测信号波动范围进行统计后引入带通滤波器，其通带范围与信号波动范围保持一致，本书引入经典 IIR 巴特沃斯滤波器。

以曲面板检测信号为例，带通滤波器通带频率为 5 200～6 000 Hz，阻带频率为 2 000～9 000 Hz，通带内波动 Rp=3 dB，阻带衰减 Rs=20。

曲面板上某一无缺陷处和 3# 缺陷处滤波前后频谱对比如图 5-29 和图 5-30 所示，由图可得，当无缺陷时域信号经滤波器滤波后，其主频和对应的幅值几乎没变，而主频两侧的较低峰值的幅值逐渐衰减为 0，而 3# 缺陷的峰值频率为 9 241 Hz，其时域信号经滤波后衰减到 5 702 Hz，落在通带范围内。此时经计算后无缺陷处 Pb 值为 0.98，而 3# 缺陷处的 Pb 值为 0.33。改进的判定指标只单纯地关注 Pb 值的大小。若测点处无缺陷，则其 Pb 值应当接近于 1；反之，若测点处存在缺陷，则其对应的峰值频率不在滤波器通带范围之内，因而经滤波后主频的幅值与原频谱主频幅值相比会变低，Pb 值会接近于 0。缺陷处主频越接近滤波器通带范围，Pb 值相对越大；相反的，若缺陷处主频距通带范围越远，则 Pb 值越接近于 0。

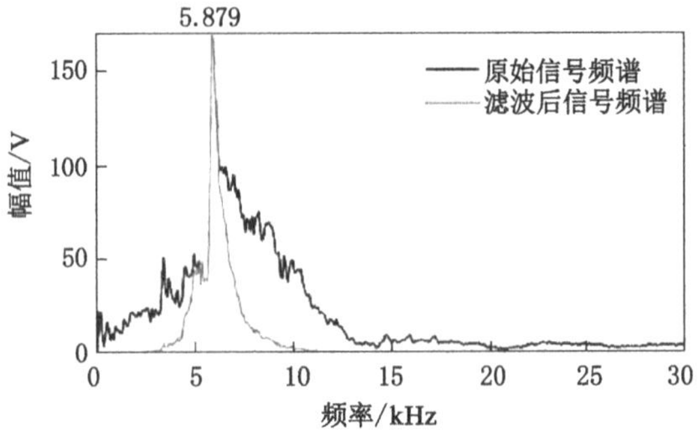

图 5-29　无缺陷处滤波前后频谱对比

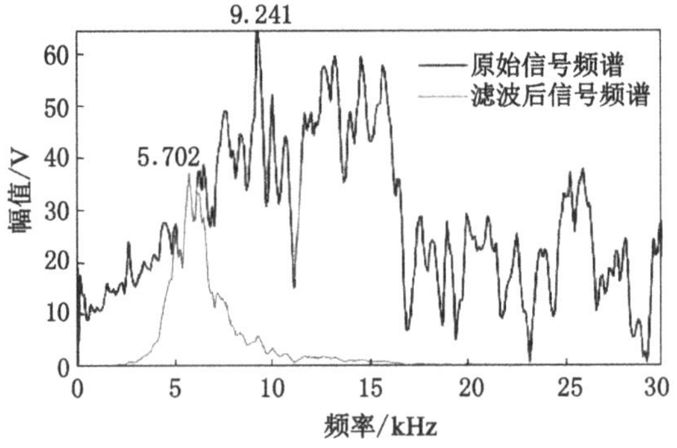

图 5-30　3# 缺陷处滤波前后频谱对比

基于改进后的判定指标对曲面板进行检测成像，结果如图 5-31 所示。改进后的成像颜色区分度更高，缺陷处和无缺陷处更易辨别，无缺陷处的 Pb 值是接近 1 或等于 1 的，而之前由于缺陷频率比较接近无缺陷处频率波动范围而导致检测效果不明显的 1#、2# 缺陷，也更加易于区分。可见对成像判定指标改进之后，成像结果的辨识度更优，无缺陷处的云图对应于 Pb 值为 1 的颜色，而有缺陷处的云图颜色更接近于 Pb 值为 0 的颜色，同时缺陷频率与无缺陷处频率波动范围相差越大，辨识度越高。判定指标改进后的成像方法有效地提高了缺陷位置的辨识度。

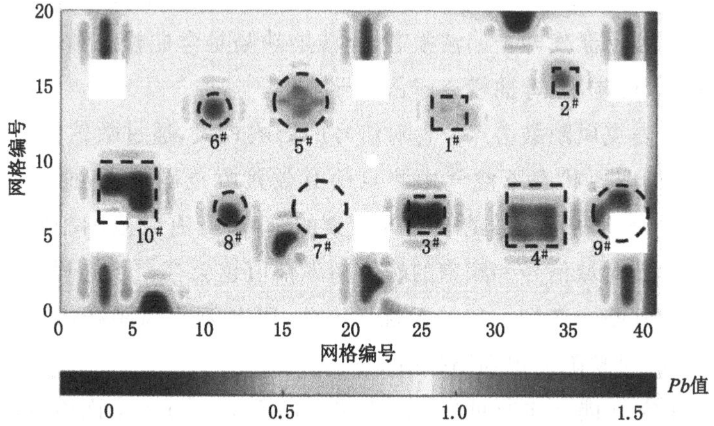

图 5-31　判定指标改进后曲面板的二维成像云图

5.3　本章小结

随着我国交通事业不断发展，隧道工程的应用越来越普遍，但已建成隧道的运营和维护检修需花费大量人力、物力，有效的隧道损伤检测方法能够极大地降低隧道维护成本，同时有效预防重大事故的发生。本书针对基于空气耦合的冲击回波法探究了其在曲面板状结构中的响应特性，分别从理论背景、数值模拟、试验以及检测成像几个方面进行了全面的研究，主要结论如下：

(1) 当曲率直径与板厚比值(D/T)大于 20 时，曲面板中冲击回波的模态响应结果和平面板状态下是相近的，冲击回波的基础理论能够有效应用于 D/T 大于 20 的曲面板结构，当 D/T 小于 15 时，曲率对响应信号的峰值频率影响较大，传统的板厚计算公式不再适用。

(2) 在理想状态下，小球直径对曲面板的冲击回波响应影响很小，但试验中发现不同直径的小球检测深度并不相同。直径较小的小球其激发的频率更高，能够检测浅层的缺陷，但深度较深的缺陷由于应力波衰减并不能有效检测；直径较大的小球其激发频率低，应力波波长较长，抗衰减能力强，并且在浅层缺陷处能够激发频率较低的弯曲模态。直径较大的小球作为激励源能够更有效地对曲面板内部损伤情况做全面的检测。

(3) 不同深度的缺陷工况下数值模拟和试验得到的结果契合度很高，深度较深的缺陷更容易激发冲击回波模态，而浅层缺陷是弯曲模态和冲击回波模态的叠加，缺陷深度越小，弯曲模态越占主导地位。

(4) PCB 麦克风距敲击点位置对信号的影响较大，通过数值模拟和试验结合的方式发现，理想状态下空气中测点的有效接收范围更大，而实际试验中，PCB 麦克风受环境噪声和波的衰减等因素的影响，其有效范围相对较小，并且绝对距离越远其时域信号和频谱的峰值频率幅值越会存在不同程度的衰减，这对峰值频率的判断会产生一定的干扰。因此，PCB 麦克风距敲击点越近，其接收的能量越强，对缺陷的识别率越高。

(5) 基于空气耦合冲击回波检测方法对曲面板进行了全面检测，并绘制了检测 2D 彩色云图，发现实际检测中同一测点每次敲击产生的信号其峰值频率并不完全相同，而是在其理论值附近发生波动，因此成像云图颜色分布较为杂乱，基于此现象对成像的判定指标做了改进。统计无缺陷处信号峰值频率的波动范围并用带通滤波器基于此范围对信号进行滤波，对滤波前后的峰值频率的能量做比值计算形成新的成像判定指标，其成像云图的颜色分布更加纯粹，缺陷的识别率更高。

第 6 章　基于空气耦合冲击回波的衬砌壁后缺陷检测研究

6.1　基于空气耦合冲击回波法检测衬砌壁后缺陷试验研究

在地铁建设等实际工程中常使用预制地铁管片，该管片主要是混凝土结构，其内部有密集的钢筋骨架，还有预留注浆孔和预埋件，以及大量用于地铁管片相互连接的螺栓手孔，因此还需对实际工程中得到的冲击回波信号的响应特性进行分析，通过分析试验结果来评估试验的可行性。

本章将用实际工程中的地铁管片进行室内试验，验证试验结果的可靠性。

6.1.1　试验试件制作及检测设备

本书中采用的管片，其制作符合国家相关规范[80-82]，由于实验室的条件有限，其背后的注浆层则采用架设模板＋现浇的方式制作。采用厚度为 1 cm 的泡沫板模拟缺陷，如图 6-1 所示。缺陷均布设在地铁管片的背面，采用胶水固定的方式粘贴到对应位置。缺陷尺寸及布设位置示意如图 6-2 所示，此图为管片凸面的展开图，弧长即为图中标注的长边，缺陷共 12 个，正方形、圆形缺陷分别 6 个，具体尺寸如表 6-1 所列。

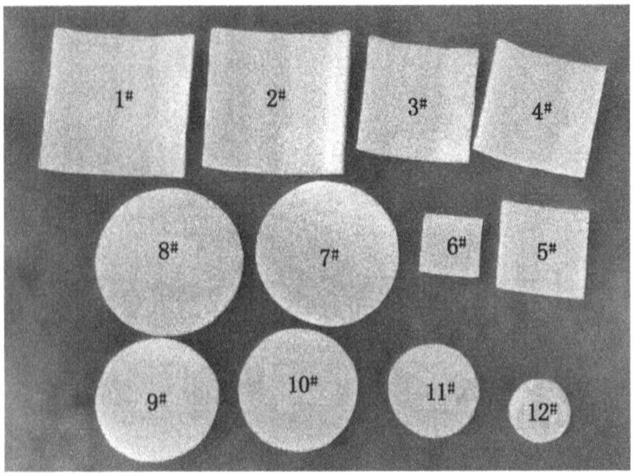

图 6-1　模拟缺陷的泡沫板

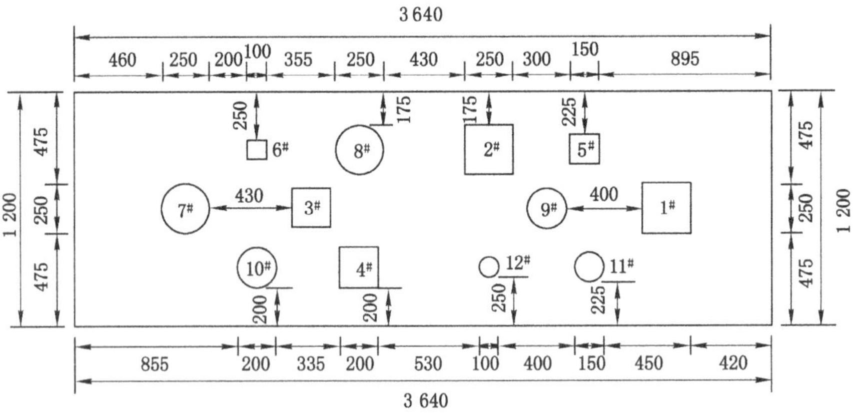

图 6-2　管片凸面缺陷尺寸及布设位置示意图(单位:mm)

表 6-1　各缺陷形状及尺寸

缺陷编号	形状	尺寸/cm	缺陷编号	形状	尺寸/cm
1#、2#	正方形	25×25	7#、8#	圆形	ϕ25
3#、4#	正方形	20×20	9#、10#	圆形	ϕ20
5#	正方形	15×15	11#	圆形	ϕ15
6#	正方形	10×10	12#	圆形	ϕ10

管片采用 ϕ18 cm 的 HRB400 级钢筋做钢筋骨架，采用 C50 商业混凝土浇筑，由管片厂特制的标准钢模产出，在养护 28 d 达到 80%强度后，将其凸面朝上放置，以准备浇筑背后的注浆层，如图 6-3。

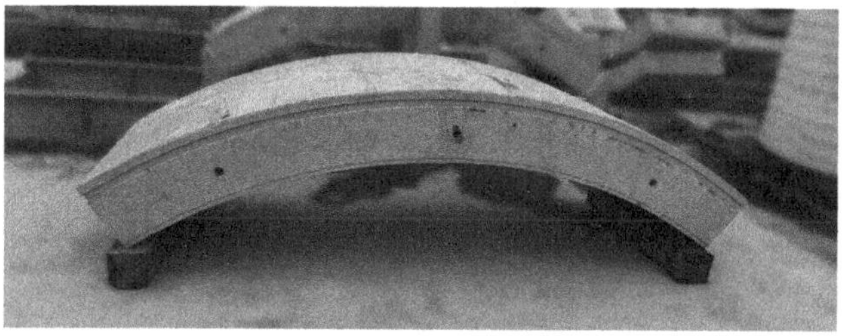

图 6-3　管片图

首先在管片凸面表面按照图 6-2 中的布设位置粘贴泡沫板缺陷，全部粘贴完后如图 6-4 所示，然后用木模板制作出注浆层的模板，在管片的凸面表面预留出 10 cm 的空隙，同时留出倒浆料口。在实际工程中，通常采用盾构法掘进隧道，而管片壁后注浆通常采用同步注浆的方式，通过管片中央预留的注浆孔注浆，同时带有一定的压强。由于实验室的条件有限，因此采用预制模板的方式制作注浆层。试件制作完成后，为了方便检测需要将试件立放，使用的浆料与实际工程所使用的惰性浆液略有差异，其强度稍高，以保证露天条件下不易出现裂缝等，浇筑完成后使用毛毡布覆盖并按时浇水养护 28 d，然后拆模，如图 6-4(b)所示。

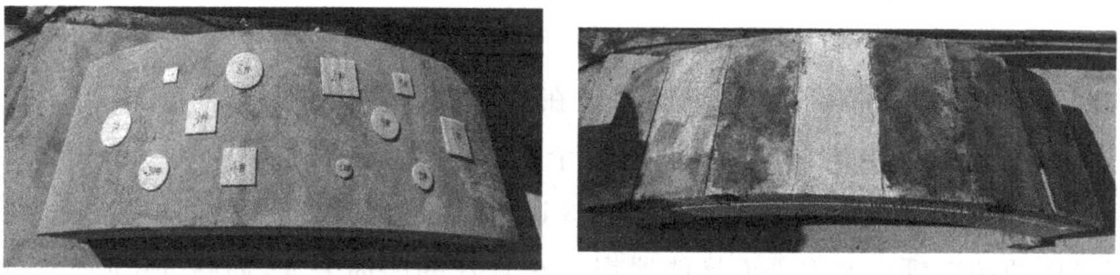

(a) 管片凸面粘贴缺陷　　(b) 带注浆层管片试件

图 6-4　管片缺陷布置及注浆示意图

下文中将地铁管片试件统称为带注浆层管片试件，方便与上文中的带注浆层衬砌模型区分开。

6.1.2 波速的标定

6.1.2.1 试验方案

由第 2 章的理论部分可知，得到应力波在结构中传播的波速才能计算出对应的理论厚度频率，因此在空气耦合冲击回波检测前，需要对管片以及注浆层进行波速的标定。采用超声脉冲法测量波速，这种方法在已知距离的情况下测量出时间，从而得到波速。超声脉冲法检测原理示意如图 6-5 所示。

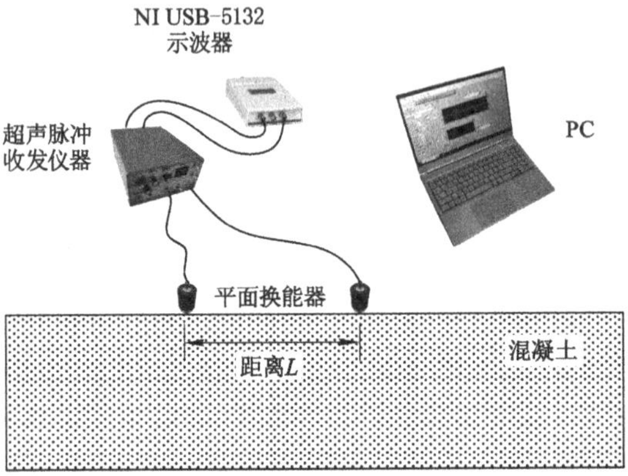

图 6-5 超声脉冲法检测原理示意图

在进行波速标定时，将两个平面换能器按照一定的间距耦合在待测试件表面，然后采用一发一收的形式采集超声信号，通过提取超声信号从发射到接收的时间差，便可计算出该距离下的 P 波在试件中传播的速度。

为了减少标定时的误差，设定两个平面换能器的距离为 10 cm、20 cm、30 cm、40 cm、50 cm，且每个距离测试 3 遍，可以得到较为准确的 P 波波速。使用专用的超声耦合剂将平面换能器耦合在管片的凹面表面，如图 6-6 所示。测试时，每个信号的采集点数设置为 10 000 个，采样频率设置为 1×10^7 Hz。

6.1.2.2 波速测试结果

30 cm 距离下某次测试信号的时域图如图 6-7(a)所示，图中，基于 LabVIEW 的虚拟仪器设定在信号采集点数的 5%处为触发信号，即 0.05 ms，而后面信号幅值开始明显波动处则为首至波所引起的，对应首次接收到信号的

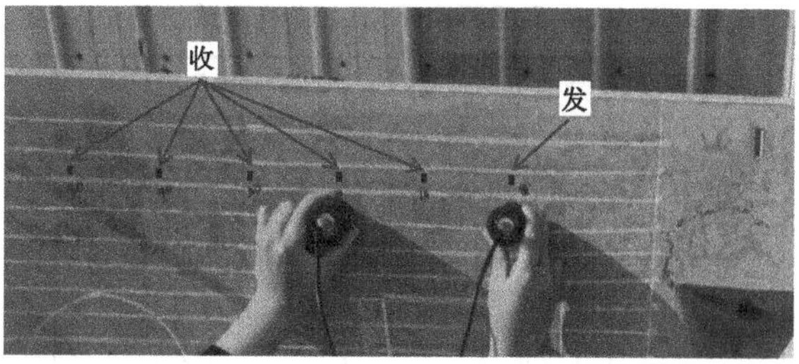

图 6-6　20 cm 距离下波速检测

时间，因此只需要计算从触发时间到首至波到达时间即可，与后续波形无关。由图可得到此首至波到达时间为 0.122 3 ms，计算得到触发时间到首至波到达时间差约为 0.072 3 ms，距离为 30 cm，计算得到波速为 4 149 m/s。不同距离下的单次测试结果汇总如图 6-7(b)所示。不同距离下管片的所有测试结果汇总，如表 6-2 所示。

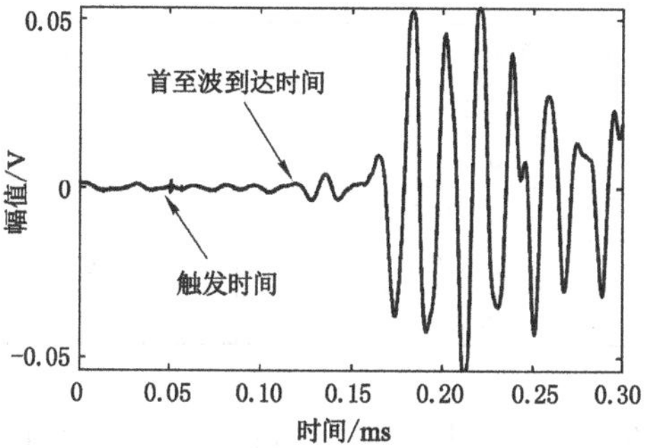

(a) 30 cm距离下信号的时域图

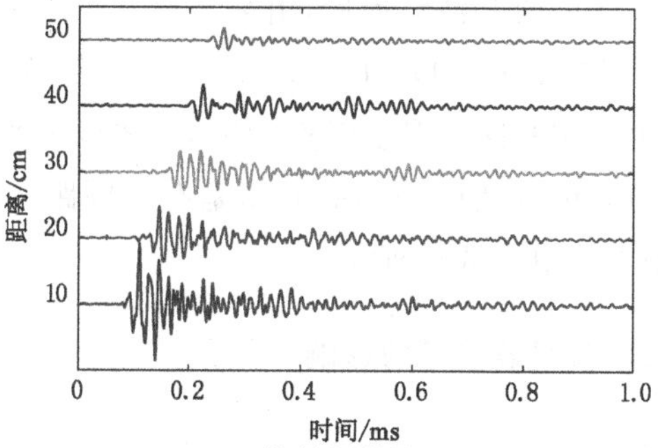

(b) 单次测试结果汇总

图 6-7　信号时域图

表 6-2　不同距离下管片波速测试结果

测试距离/cm	首次接收到信号的平均时间/ms	平均时间差/ms	平均波速/ms^{-1}
10	0.074 5	0.024 5	4 076
20	0.098 8	0.048 8	4 098
30	0.122 5	0.072 5	4 138
40	0.147 9	0.097 9	4 087
50	0.172 5	0.122 5	4 083

由表 6-2 得到的平均波速为 4 096.4 m/s，即管片中 P 波的波速。由于试验的测试结果会受到各种因素的影响，如设备精度、试件中的钢筋骨架等，因此测试结果的波速与理论计算得到的数值会有所差别，仅代表本书中测试的试件的 P 波波速。

以同样的方法得到不同距离下注浆层波速所有测试结果，如表 6-3 所列。

表 6-3　不同距离下注浆层波速测试结果

测试距离/cm	首次接收到信号的平均时间/ms	平均时间差/ms	平均波速/ms^{-1}
10	0.113 8	0.063 8	1 567
20	0.186 4	0.136 4	1 466
30	0.239 1	0.189 1	1 586
40	0.313 4	0.263 4	1 519
50	0.390 7	0.340 7	1 468

由表 6-3 得到的平均波速为 1 521.2 m/s，即注浆层中 P 波的波速。

得到管片以及注浆层的 P 波波速后，由第 2 章公式计算得到衬砌厚度频率为 5 851 Hz，整体厚度频率为 3 175 Hz。受使用的设备、测试的混凝土试件材料属性以及试件的内部钢筋网等多重因素的影响，试验得到的波速值与理论值之间存在差距。本节测试方法中得到的波速是在不同距离的条件下多次测试得到的，因此可用于本章中的试验研究。

6.1.3　缺陷尺寸对冲击回波信号的影响

6.1.3.1　试验方案

根据第 3 章中的结果，对于不同工况下的带注浆层衬砌模型，冲击回波的响应特性均有明显的特征。对于无缺陷的带注浆层衬砌模型，既有应力波从管片与注浆层界面发生反射，也有应力波从注浆层底面发生反射，反映在信号频谱图中则有两个明显的峰值频率；对于有缺陷的带注浆层衬砌模型，透射到注浆层内的应力波能量会明显减少，反映在信号频谱图中则仅有一个明显的峰值频率。因此，可以根据冲击回波的响应特性来判断结构内部是否存在缺陷，并定位出缺陷的位置。峰值频率在一定范围内对缺陷尺寸的变化有响应，但是实际工程中会受到各种因素的影响，因此本节将通过试验研究与分析，探究实际工程情况下的检测结果，并验证检测结果的正确性。

本节将以制作的带注浆层管片试件为检测对象，探究冲击回波信号对试件中预埋缺陷的响应特性，因此需要确定缺陷在管片凹面的对应位置，绘制缺陷对应尺寸及布设位置示意，如图 6-8 所示。

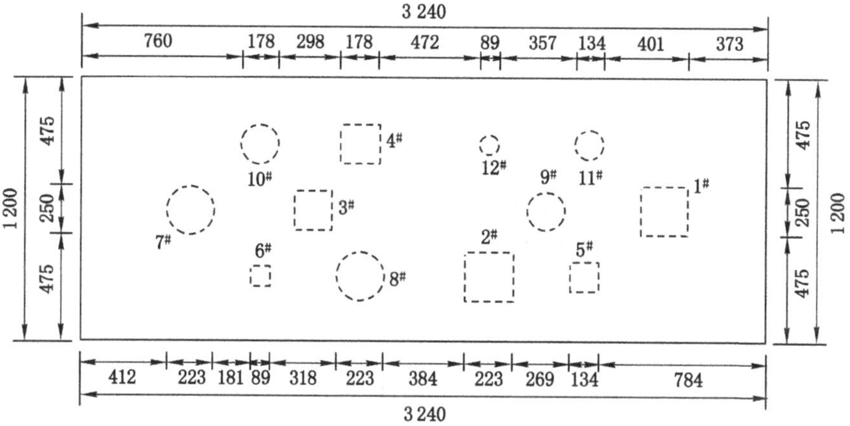

图 6-8　管片凹面缺陷对应尺寸及布设位置示意图(单位：mm)

由前文可知，管片的凹面与凸面在宽度方向上一致，而长度方向上不一致，因此对于正方形缺陷，在凹面绘制其对应尺寸时，在长度方向上会有压缩，其比值为凹面与凸面的长度之比。对于 $1^{\#}$ 缺陷，实际尺寸为 25 cm×25 cm，而在凹面绘制时，缺陷的对应尺寸为 22.3 cm×25 cm，其余缺陷的绘制方法同上，但是为了方便，在绘制图 6-8 时，仍绘制成规则图形。

试验时的工况如下：敲击点对应缺陷的正上方，敲击小球的直径为 20 mm，采用加速度传感器和 MEMS 全向麦克风采集信号，加速度传感器通过耦合剂耦合在距敲击点水平距离 3 cm 处的试件表面，MEMS 全向麦克风传感器设置在距敲击点水平距离 3 cm、垂直距离 1 cm 的位置，且使用吸音棉包围。不同尺寸缺陷现场检测如图 6-9 所示。

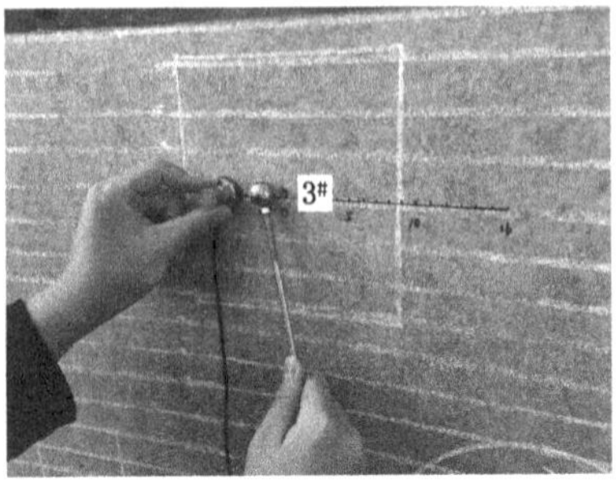

(a) 3#缺陷加速度信号采集

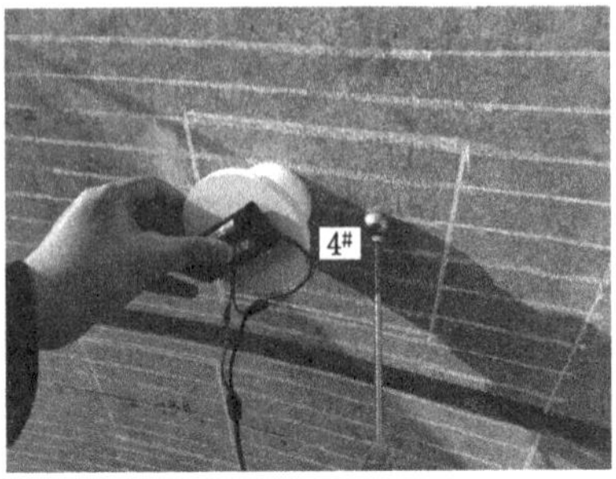

(b) 4#缺陷声压信号采集

图 6-9　不同尺寸缺陷现场检测

6.1.3.2　试验结果及分析

分别对试件各个缺陷位置处进行敲击并采集信号，选择 1#、3#、5#、6# 四种不同尺寸的缺陷，部分检测结果如图 6-10 和图 6-11 所示，对采集的信号采用带通滤波的方法，只保留关注的频率范围，即 2 500～6 000 Hz。

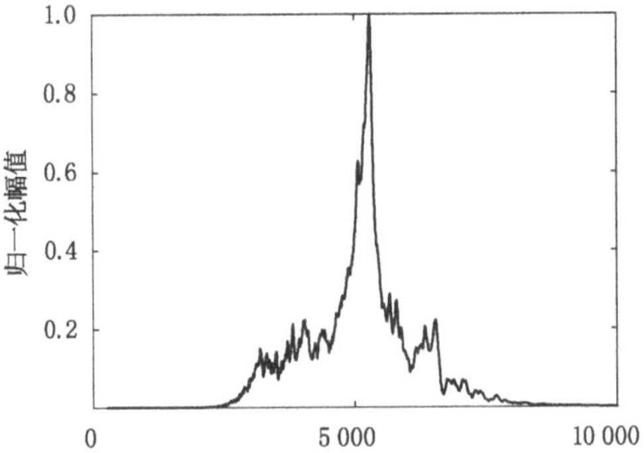

(a) 1#缺陷处信号频谱图

图 6-10　部分位置的加速度信号频谱图

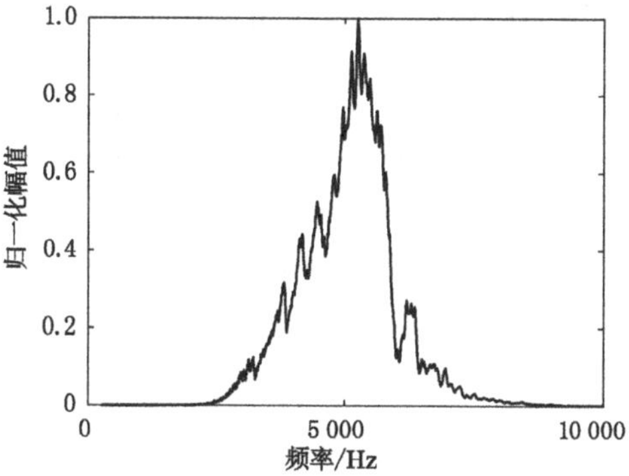

(b) 5#缺陷处信号频谱图

图 6-10(续)

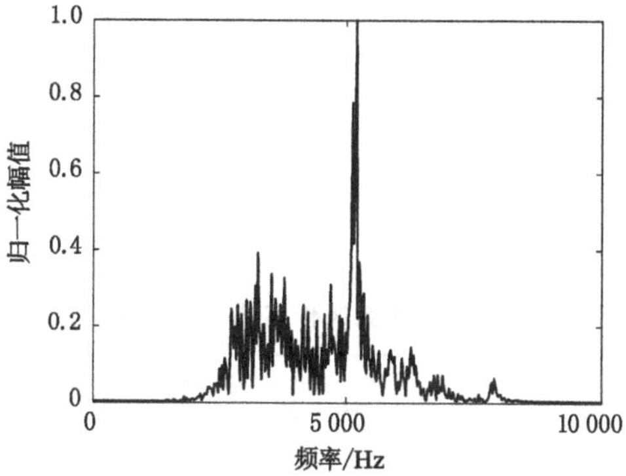

(a) 1#缺陷处信号频谱图

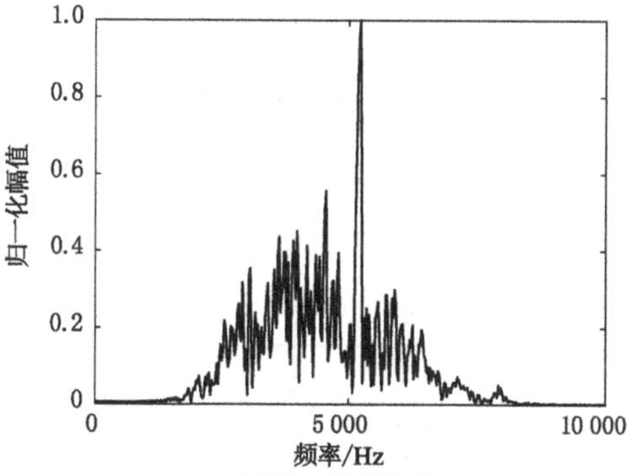

(b) 5#缺陷处信号频谱图

图 6-11　部分位置的声压信号频谱图

将每个缺陷位置处的检测结果汇总，如表 6-4 和表 6-5 所列。

表 6-4　加速度传感器检测结果

缺陷编号	缺陷形状	缺陷尺寸/cm	检测频率/Hz	理论频率/Hz	相对误差/%
1#	正方形	25×25	5 292	5 617	5.79
2#		25×25	5 273		6.12
3#		20×20	5 322		5.25
4#		20×20	5 249		6.55
5#		15×15	5 322		5.25
6#		10×10	5 219		7.09
7#	圆形	ϕ25	5 267		6.23
8#		ϕ25	5 225		6.98
9#		ϕ20	5 340		4.93
10#		ϕ20	5 212		7.21
11#		ϕ15	5 261		6.34
12#		ϕ10	5 328		5.15

表 6-5　麦克风传感器检测结果

缺陷编号	缺陷形状	缺陷尺寸	检测频率/Hz	理论频率/Hz	相对误差/%
1#	正方形	25×25	5 213	5 617	7.19
2#		25×25	5 232		6.85
3#		20×20	5 174		7.89
4#		20×20	5 248		6.57
5#		15×15	5 222		7.03
6#		10×10	5 201		7.41
7#	圆形	ϕ25	5 208		7.28
8#		ϕ25	5 167		8.01
9#		ϕ20	5 243		6.66
10#		ϕ20	5 224		7.00
11#		ϕ15	5 317		5.34
12#		ϕ10	5 324		5.22

由表 6-4 可知，当管片与注浆层界面有缺陷时，加速度频谱图中有一个明显的峰值频率，其值在 5 250 Hz 上下，但是改变缺陷尺寸时，峰值频率的变化很小且不成规律，很可能是试件内的钢筋骨架以及预埋件等因素的影响，导致峰值频率对缺陷尺寸不敏感。通过上节内容可知，管片中 P 波的波速为 4 096.4 m/s，注浆层中 P 波的波速为 1 521.2 m/s，对于不带注浆层的管片试件，由前式计算得到对应的厚度频率为 5 617 Hz，将其作为缺陷处的理论频率，并计算每个缺陷处检测结果的相对误差。可以发现，在试件缺陷处的检测结果为：信号频谱图中仅有一个突出的峰值频率，对应管片厚度。

对比表 6-4 与表 6-5 的检测结果发现，使用 MEMS 全向麦克风采集到的信号与加速度传感器采集到的信号大体一致，且相对误差较小。

在试件无缺陷处进行敲击并采集信号，敲击检测位置如图 6-12 所示，为图中四个虚线方框处，位置 1 处的检测结果如图 6-13 所示。

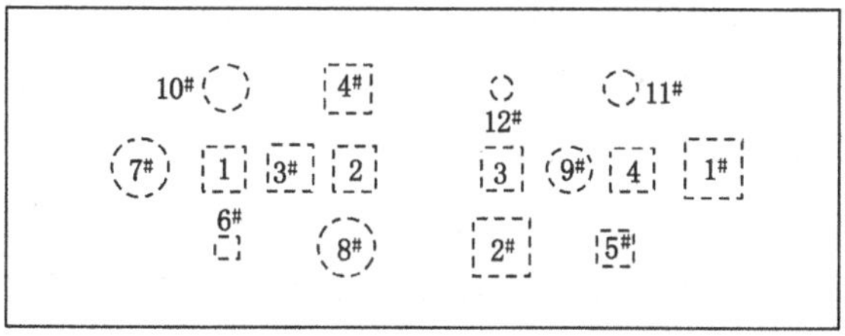

图 6-12　试件无缺陷处敲击检测位置选择

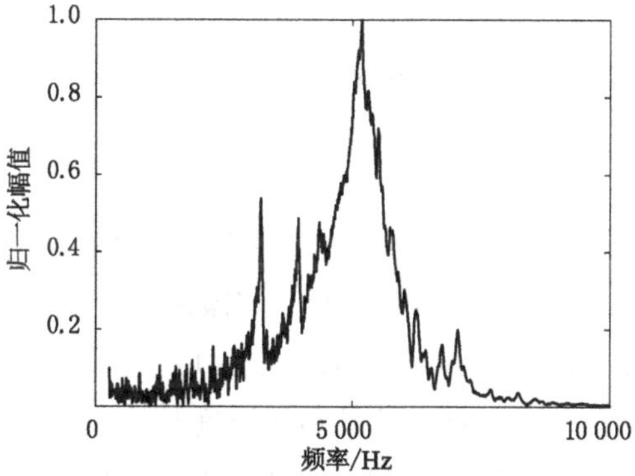

(a) 位置1处加速度信号频谱图

图 6-13　无缺陷处信号频谱图

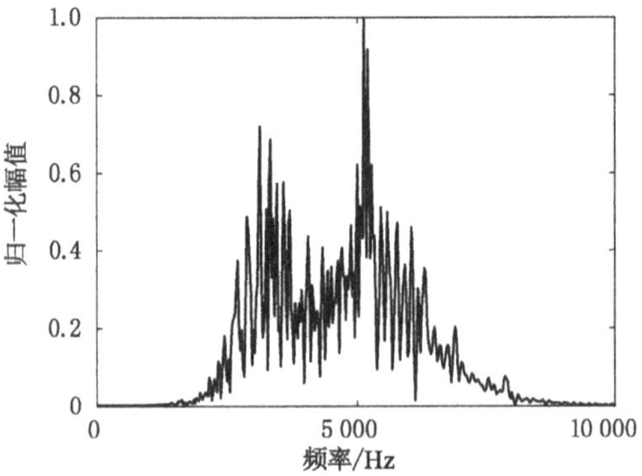

(b) 位置1处声压信号频谱图

图 6-13(续)

由图 6-13 可以看出:无缺陷处加速度传感器采集的信号的频谱图中,有两个突出的峰值频率,其中 3 204 Hz 对应整体厚度,5 182 Hz 对应管片厚度;同样的,MEMS 全向麦克风采集的信号的频谱图中,3 125 Hz 对应整体厚度,5 125 Hz 对应管片厚度。试验结果为:对于无缺陷的带注浆层管片试件,其信号频谱图中有两个突出峰值频率,分别对应整体厚度、管片厚度。

对比有缺陷位置与无缺陷位置的信号频谱图,可以获得带注浆层管片试件中的冲击回波响应特性,并且发现其与理论频率的相对误差较小,因此使用冲击回波法能有效地检测出带注浆层管片试件中管片与注浆层界面的缺陷,但是受到各种因素的影响,其对缺陷尺寸的响应不敏感。

6.1.4 敲击位置对冲击回波信号的影响

6.1.4.1 试验方案

在敲击点偏移距离变化的过程中,从归一化的频谱图中能观察到整体厚度对应的峰值频率的幅值会产生规律性的变化。当敲击点对应位置在缺陷上方时,整体厚度对应峰值频率的幅值较小,而当敲击点对应位置不在缺陷上方时,整体厚度对应峰值频率的幅值较大。通过比较整体厚度与管片厚度分别对应的峰值频率的幅值,能有效地区分出敲击点下方是否有缺陷,并且大致判断出缺陷的尺寸。

本小节将对实验室制作的带注浆层管片试件进行检测,研究分析实际工程情况下的检测结果。

选择 3# 缺陷进行检测，3# 缺陷的尺寸为 20 cm×20 cm，厚度为 1 cm，缺陷在衬砌管片凹面的对应尺寸为 20 cm×17.8 cm，即偏移距离为 8.9 cm 时对应缺陷的边缘。试验中的偏移距离取值为−16～16 cm，间隔为 1 cm，当偏移距离为 0 cm 时，敲击点对应缺陷正中心。试验中的敲击小球直径为 20 mm，敲击点的移动方向从缺陷左侧外侧到缺陷右侧外侧，采用 MEMS 全向麦克风采集信号，将其设置在管片凹面表面距敲击点水平距离 3 cm、垂直距离 1 cm 的位置，现场检测如图 6-14 所示。观察到试验时敲击点在 MEMS 全向麦克风的右侧，分析试验检测结果时应当考虑到此条件的不同。

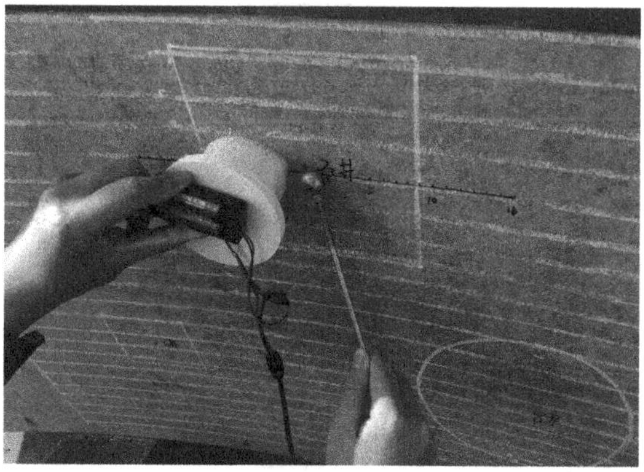

图 6-14　不同敲击位置现场检测

6.1.4.2　试验结果分析

3# 缺陷不同偏移距离下的部分检测结果如图 6-15 所示，频谱图按照最大主频的幅值进行归一化处理。

由图 6-15 可知，当敲击点对应位置在缺陷的外侧时，检测结果为：频域图中有两个突出的峰值频率，分别对应整体厚度、管片厚度；而当敲击点对应位置由缺陷外侧向缺陷正上方靠拢时，整体厚度频率与管片厚度频率的幅值之比不断减小，最终仅剩一个突出的峰值频率，对应管片厚度。

为了直观地分析，将 3# 缺陷不同偏移距离下的检测结果绘制成偏移距离与幅值之比的散点图，幅值之比为整体厚度频率与管片厚度频率的幅值之比，如图 6-16 所示。

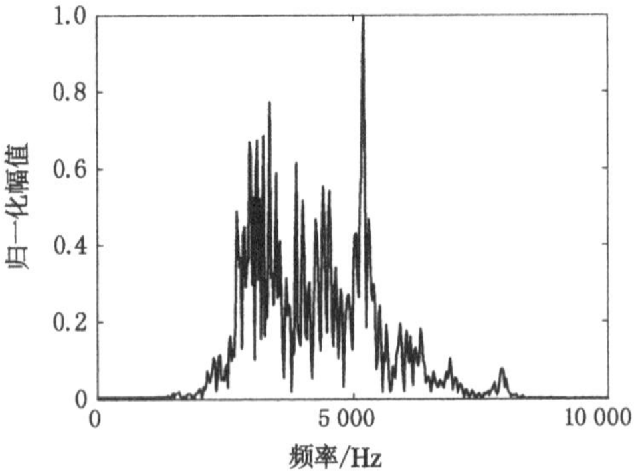

(a) 偏移距离-12 cm

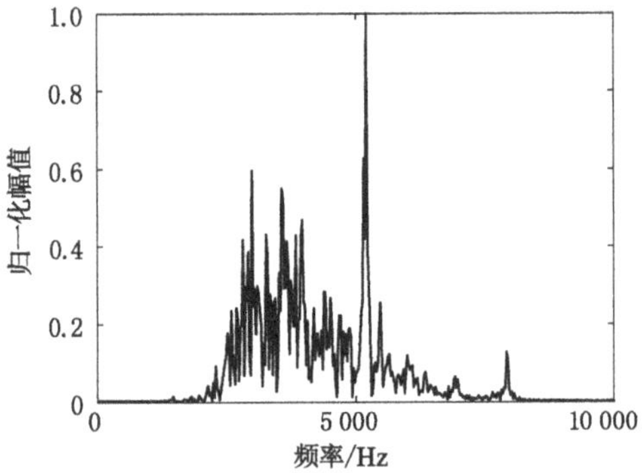

(b) 偏移距离-8 cm

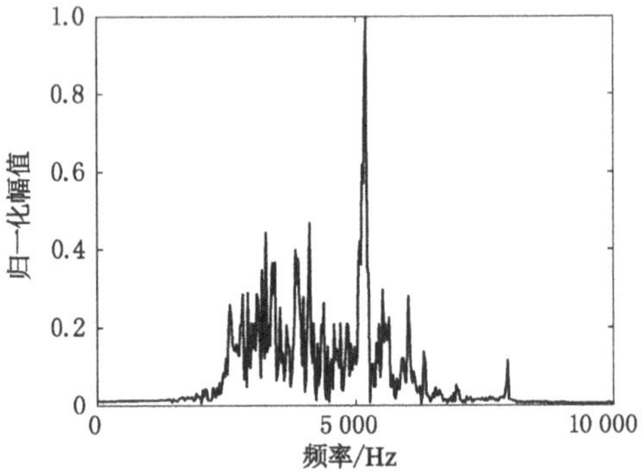

(c) 偏移距离-4 cm

图 6-15　3# 缺陷不同偏移距离下的部分检测结果

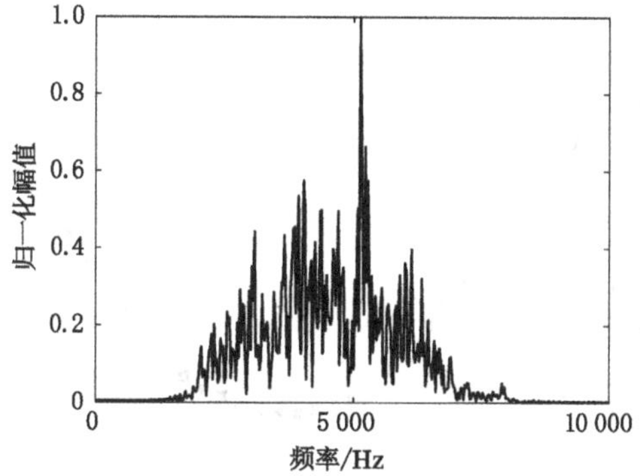

(d) 偏移距离0 cm

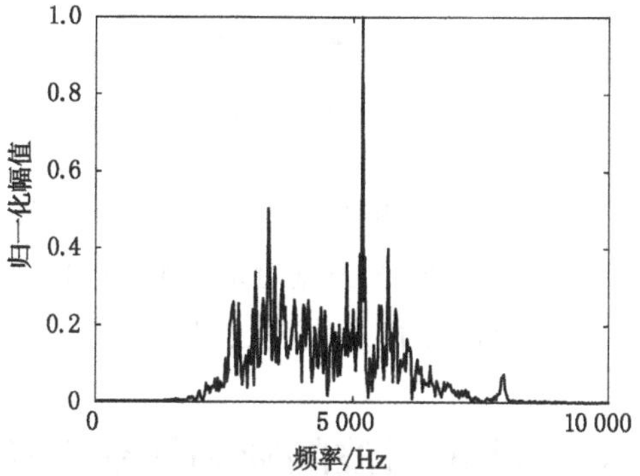

(e) 偏移距离4 cm

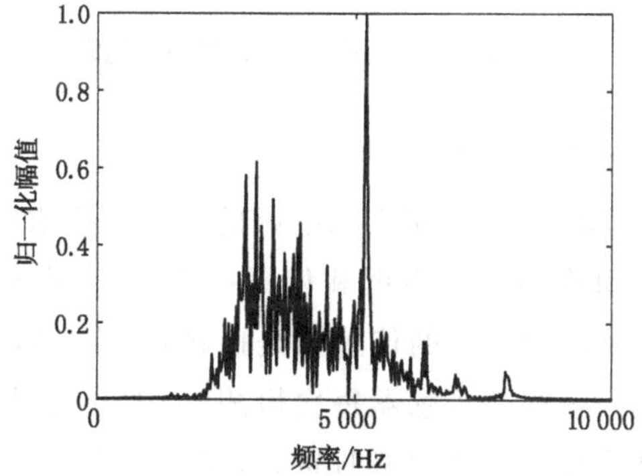

(f) 偏移距离8 cm

图 6-15(续)

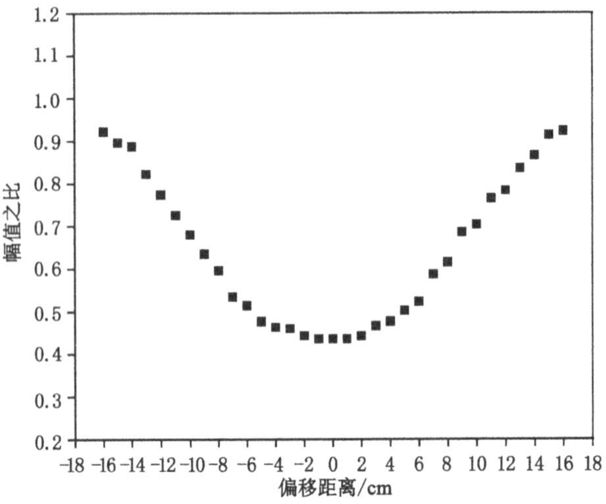

图 6-16　3# 缺陷处偏移距离与幅值之比的散点图

由图 6-16 可知，当敲击点的偏移距离在－8.9 cm 以及 8.9 cm 附近时，幅值之比大约为 0.61，可以大致判断敲击点对应在缺陷的两侧边缘处，实际检测位置大概位于敲击点与 MEMS 全向麦克风之间。

6.2　基于空气耦合冲击回波的缺陷评估系统

6.2.1　基于空气耦合冲击回波法的旋转敲击检测装置

6.2.1.1　旋转敲击检测装置设计

在传统的冲击回波法中，采用人工手敲的方式作为激励源，这种方法既耗费时间，又难以保证每次敲击的力度和位置一致，因此容易影响检测的结果。同时，传统的冲击回波法中常用的传感器是接触式传感器，如本书第 4 章试验中采用的加速度传感器，这类传感器每次检测时，需要使用耦合剂粘贴在待检测试件的表面，因此这种方法非常费时费力，在实际检测工程中常常选择试件在不同工况下的代表位置进行检测验证。

本书研发了基于空气耦合冲击回波法的旋转敲击检测装置，该装置主要由旋转敲击装置、MEMS 全向麦克风、编码轮、示波器、电脑端信号采集系统组成，可以在待检测试件的表面不间断地“行进”并完成连续不断的冲击，利用 MEMS 全向麦克风采集信号完成检测。

根据前文的理论分析，为了在结构中激发出有效的冲击回波模态，需采用瞬时冲击荷载作为激励，且接触时间在 20～80 μs 范围内。因此研发一个合适的旋转敲击装置才能在结构内部有效地激发出应力波，满足检测的需要，同时作为旋转敲击检测装置的基础。本书中的旋转敲击装置由 775 电机、圆盘夹具、2 mm 钢丝绳、带孔铜螺丝、20 mm 带孔钢球组成。电机由 5 号电池供电，通过电机带动圆盘旋转，然后利用固定在圆盘上的钢球敲击结构表面。旋转敲击检测装置组成如图 6-17 所示。

(a) 旋转敲击装置　　(b) 旋转敲击检测装置

图 6-17　旋转敲击检测装置组成

由于声压信号在空气中衰减较快，为了获得信噪比较好的冲击回波信号，需要适当地增大冲击力度，可以考虑增大钢球尺寸、增加旋转速度来解决。钢球尺寸通常根据试件的厚度来选取，因此通过增加旋转速度来增大冲击力度的方式更合适，但是旋转速度增加后容易引起旋转敲击检测装置的振动，振动对 MEMS 麦克风的影响非常大。为了减小检测装置的振动，在旋转敲击装置的圆盘上固定了两个同样大小且同样距离的钢球，使得旋转时两个钢球有相同大小的离心力，避免旋转轴在旋转时产生较大的变化，因此减少了旋转引起的振动，这样采集的信号的信噪比也更高，有利于之后的数据处理。通过给电机安装一个电流调节装置，可以方便地调节电机的转速，以达到改变敲击力度和速度的目的，调节转速还可以满足激励的接触时间要求并适用不同的试件厚度。

由于旋转敲击过程中，钢球在敲击结构表面后会出现受到反作用力而产生回弹的现象，引起检测装置的振动，因此采用带孔铜螺丝将钢绞线与带孔钢球连接起来。这种连接方式增加了钢球的活动性，减小了反弹带来的振动影响，同时提升了钢绞线的耐用性。由于钢球是固定在带孔螺丝上的，因此可以非常方便地更换不同尺寸的钢球，以适用于不同厚度试件的检测，适用性广。钢球连接示意如图 6-18 所示。

图 6-18　钢球连接示意图

由于 MEMS 全向麦克风体积小，频率采集范围广（100～20 kHz），并且仅需直流电压 3 V 就能稳定运行（本装置采用两节 5 号电池供电），因此在敲击点附近设置 MEMS 全向麦克风，用于采集敲击后的空气耦合冲击回波信号。MEMS 全向麦克风固定位置如图 6-19 所示。

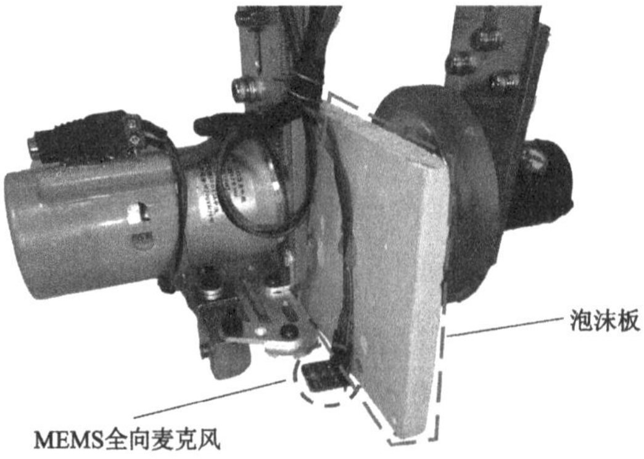

图 6-19　MEMS 全向麦克风固定位置

由第 2 章应力波理论可知，在结构表面施加冲击荷载之后，除了在结构内部会产生应力波以外，在空气中会产生直达声波并向四周传播。因此在旋转敲击装置和 MEMS 全向麦克风之间设置泡沫板，可以减小直达声波对空气耦合冲击回波信号的影响。

旋转敲击检测装置使用的示波器为 PicoScope 2142 双通道示波器，数据采集软件为 PicoScope 7 程序。

在 PicoScope 7 程序数据采集界面的左上角为“运行/停止”按钮，点击切换则开始或停止采集数据。按钮下方有数个“通道”选项，根据示波器硬件的不同，软件界面显示的数量也不同，如使用双通道示波器时，会显示通道 A、通道 B。点击每个通道后可以单独开启/关闭该通道，开启后可以修改通道选项，如修改采集的信号范围、探针类型、缩放比例、是否低通滤波以及滤波范围。“通道”选项的下方有视图、数字通道等其他功能，当同时使用多个通道进行数据采集时，可以修改视图让每个通道的时域图单独显示，还可以打开每个通道的频谱图，非常直观。除去上方和左侧的按钮外，软件界面中最大的区域显示的是实时波形图，方便用户进行实时监测和分析。在按钮右侧的几个选项中，可以修改显示界面的分辨率、数据采集的频率、信号的触发模式、波形缩略图大小以及查看某个采集的波形。其中触发模型有“无”“自动”“正常”“单一”“快速”等选项，采集的信号为单次敲击信号时，选择“单一”选项，采集的信号为连续信号时，一般选“自动”选项。

在使用旋转敲击检测装置进行检测时是由人手持“行进”的，装置向前“行进”时很难保持匀速，因此在旋转敲击检测装置上安装编码轮，通过记录检测时的位移，能将每一个敲击信号的时间与敲击点位置对应起来，从而在待测试件上精准定位敲击信号的敲击位置，使检测结果更准确。

将旋转敲击装置、编码轮、MEMS 全向麦克风固定在一起，使用 BNC 连接线将 MEMS 全向麦克风与 PicoScope 示波器连接起来，再使用 USB 3.0 数据线连接示波器与电脑，就组成了一套旋转敲击检测装置。由于装置与示波器之间采用 BNC 连接线连接，因此装置的重量较小，采集数据时单人即可操作。

6.2.1.2　旋转敲击检测装置检测流程

使用旋转敲击检测装置检测前，需要将待检测试件的表面清理干净，不能有泥土、石子等影响敲击的障碍物，否则会影响敲击信号的质量，导致检测效果差。

使用旋转敲击检测装置的检测流程如下：

(1) 首先在待检测试件表面绘制多条平行测线，该装置将沿测线"行进"并敲击检测。两条测线的间距取值太小会增加工作量，取值太大则会影响成像的分辨率，本书的试验中测线的间距取值为 3 cm，在成像的分辨率与工作量之间取得一个平衡。

(2) 手持该装置并放置在测线的起始位置，打开 MEMS 麦克风电源后启动电脑上的 PicoScope 7 程序，检测是否能正常采集信号，然后打开电机电源，待敲击频率稳定后点击程序上的"开始"按钮开始采集数据，同时手持该装置沿着绘制的测线"行进"，直到测线终点，然后点击程序上的"结束"按钮，依次关闭电机电源、MEMS 全向麦克风电源，并将数据存储至指定位置。

(3) 按照步骤(2)中的流程，继续使用该装置对其他测线进行检测，待全部测线检测完毕后，对数据进行处理分析。

6.2.1.3 数据存储优化

在进行测试时，将信号数据采集完毕后，需要点击"保存"按钮将数据存储至电脑中。在存储数据时，PcioScope 7 程序提供多种数据存储格式，包括 CSV 文档、PS 数据文件、TXT 文本文档等，其中 PS 数据文件为 Pico Technology 公司官方推出的专用格式，仅能通过 PicoScope 7 程序读取。虽然 PS 数据文件在读取时有限制，但是在存储时选择 PS 数据文件格式不仅存储速度非常快，且文件的体积非常小，与 CSV 文档和 TXT 文本文档这两种纯文本格式相比，存储同样一个数据得到的 PS 数据文件的大小是纯文本文件的 5 %左右，因此在实际检测中选择存储为 PS 数据文件更为方便。

当在现场将数据采集存储完毕后，需要对数据进行分析处理，因此需要将 PS 数据文件转换成方便读取的格式，本书使用的数据处理软件为 MALTAB 2022b，因此需要将 PS 数据文件转换成 TXT 文本文档或者 mat 文件，可以使用 PicoScope 7 程序依次转换，而当数据较多时，可以通过 Windows 命令提示符使用代码将 PS 数据文件批量地转换成 TXT 文本文档，此时再利用 MATLAB 软件处理数据就非常方便了。

由于本装置的激励方式为旋转圆盘带动钢球敲击结构表面，且敲击时的速度较快，为了采集到每一个空气耦合冲击回波信号，因此需要将信号的触发模式改为自动，即连续采集，且本书试验时采用的数据采集频率为 1×10^5 Hz，如此一来每次测试时得到的数据文件会非常大，不利于存储。

经测试，连续采集 1 min 得到的 PS 数据文件大小为 6.3 MB，而转换成 TXT 文本文档格式后文件大小为 143.1 MB，而 1 min 大致能检测的距离为 3 m。由此可以看出，转换后的 TXT 文本文档非常大，不利于存储。如图 6-20 所示为某次检测中连续采集信号的时域图，将时域图的部分区域放大，如图 6-21 所示，图中有 3 个敲击信号。

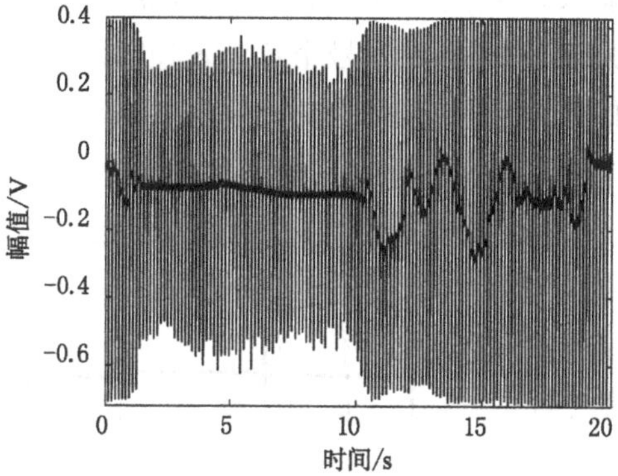

图 6-20　连续采集信号的时域图

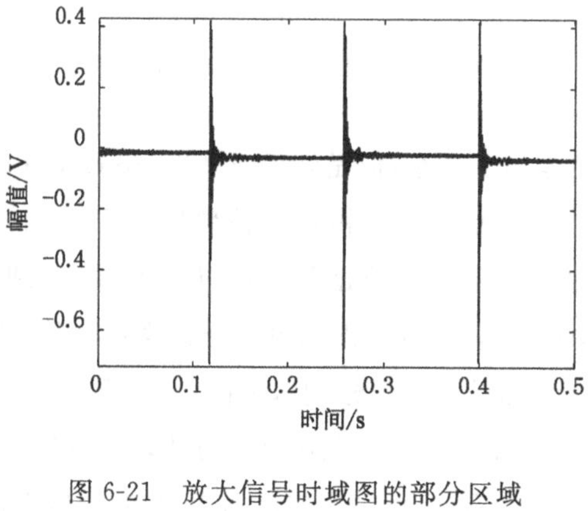

图 6-21　放大信号时域图的部分区域

由图 6-20 可以看出，这次检测中采集的信号大约有 20 s，图中每一条长竖线代表着此处有敲击信号，合计 142 个，敲击频率约为 7 次/s，本次检测对应的检测距离为 1 m，计算得到每 0.7 cm 敲击一次，因此敲击时的间隔非常小，能够满足检测需求。

将图 6-20 中 0～0.5 s 区域放大得到图 6-21，图中共有 3 个敲击信号。记录每个信号最大幅值处对应的时间，求出两个信号之间的时间差约为 140 ms，根据采样频率为 1×10^5 Hz，计算得到两个信号之间约有 14 000 个点。分析发现，7 000 个点即可完全包含整个敲击信号，由于进行快速傅里叶变换通常需要 2^N 个数据，因此设定单个敲击信号的数据个数为 8 192，每个敲击信号的数据从信号最大幅值处往前取 999 个点，往后取 7 192 个点，共 8 192 个点。两个敲击信号之间点的个数为 14 000，有效信号个数为 8 192，因此有 41%的信号数据并不包含检测所需的信息，属于“无效数据”，如图 6-22 所示。

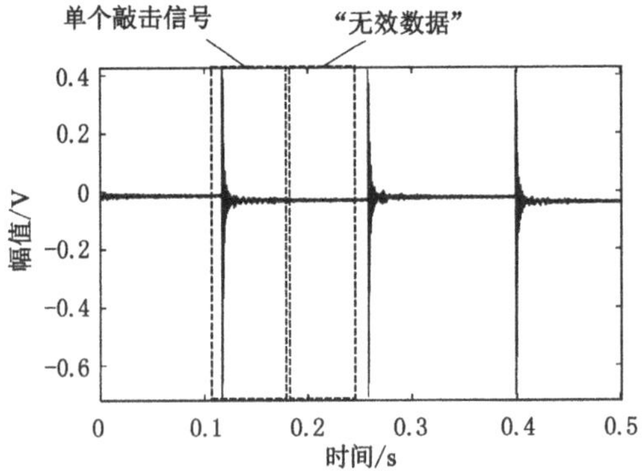

图 6-22　单个敲击信号的选取

“无效数据”内的幅值非常小，但是转换成 TXT 格式文件后，每一个点都有一个对应的幅值数据，因此“无效数据”占用整体数据体积的 41%，若可以单独将每个敲击信号提取出来，舍弃“无效数据”，则可以大大减小数据文件的占用空间。因此使用 MATLAB 软件编写代码，识别每一个有效的敲击信号，并记录敲击信号的最大幅值位置，然后将信号进行“分割”，删除“无效数据”，保留“有效数据”，最后保存为一个新的 TXT 格式文件。利用这种方法，可以将原本非常大的 TXT 文本文档的体积缩减 40%左右，降低了存储的压力，同时方便进行后期的数据处理。

数据存储优化流程如图 6-23 所示。

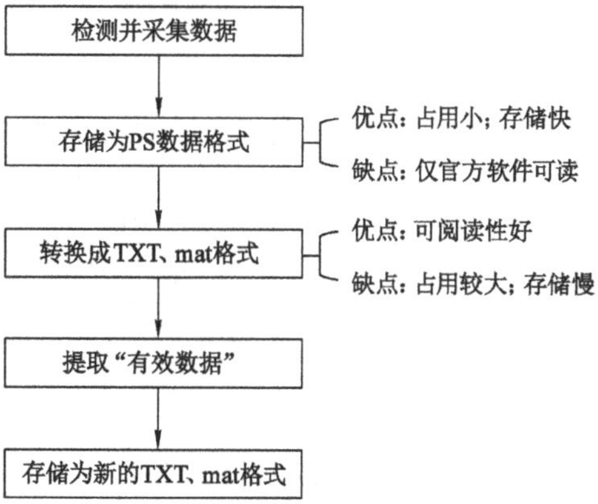

图 6-23　数据存储优化流程

6.2.2　试验模型检测

6.2.2.1　冲击回波法检测方案

本节中将使用旋转敲击检测装置，对预制缺陷的带注浆层管片试件进行检测。

检测前，使用相同的方法在待检测试件表面绘制测线，测线间隔为 3 cm，因此两种检测方法所需的测线可以一次绘制、多次使用。

本次检测时，选择有缺陷部位的测线进行检测，并向两侧拓展 1～2 条测线，以保证成像的需求，如图 6-24 所示，为本次检测区域的示意图。为了成像更美观，选择检测区域时尽量左右对称。

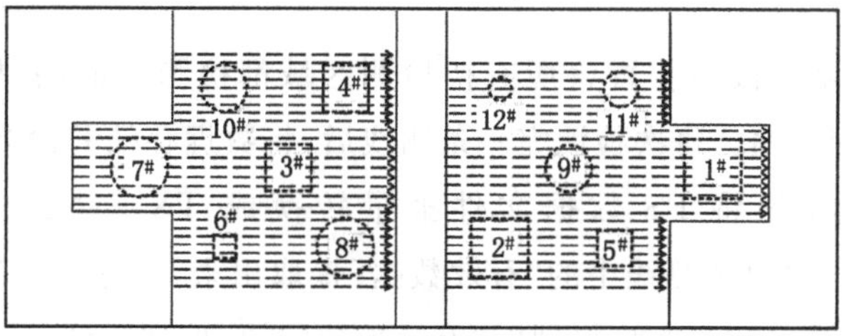

图 6-24　冲击回波法检测区域示意图

检测区域划分如图 6-25 所示，检测区域为图 6-24 中带箭头虚线覆盖部分，共计 56 条测线。6 个检测区域的尺寸及对应缺陷如表 6-6 所列，其中检测区域为曲面，检测区域尺寸为其展开后的尺寸。

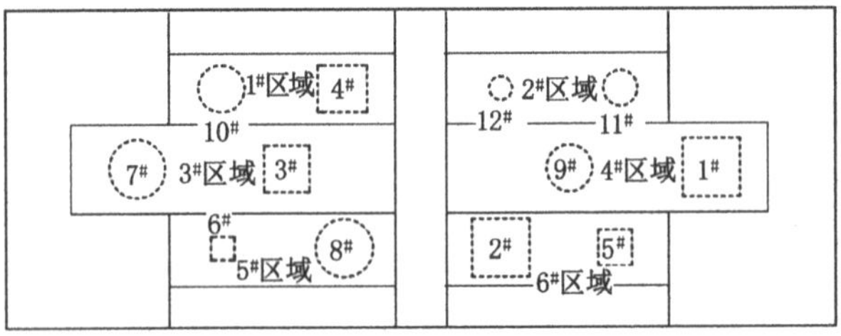

图 6-25　检测区域划分

表 6-6　各检测区域尺寸及对应缺陷

区域序号	检测区域尺寸/cm	对应缺陷及尺寸/cm	测线条数
1# 区域	80×24	10#(ϕ20)、4#(20×20)	9
2# 区域	80×24	12#(ϕ10)、11#(ϕ15)	9
3# 区域	130×24	7#(ϕ25)、3#(ϕ20)	9
4# 区域	130×24	9#(ϕ20)、1#(25×25)	9
5# 区域	80×27	6#(10×10)、8#(ϕ25)	10
6# 区域	80×27	2#(25×25)、5#(15×15)	10

使用旋转敲击检测装置检测时，将固定钢球的圆盘与测线对应，使得检测时的敲击点位基本落在测线上，使用旋转敲击检测装置检测的现场照片如图 6-26 所示。

使用旋转敲击检测装置将所有待检测区域都检测一遍，若检测时出现问题，则重新检测一遍。每次检测完一条测线后，将数据存储并命名，直到所有的测线检测完毕，先将 PS 数据文件批量转换成 TXT 格式文件，再使用 MATLAB 软件将每个测线中的“有效数据”提取出来，另存为 TXT 格式文件，然后利用快速傅里叶变换将得到的“有效数据”进行处理得到对应的频谱图，从中提取出管片厚度、整体厚度对应的频率及幅值，再进行二维云图的绘制。

图 6-26　现场检测照片

6.2.2.2　冲击回波法检测结果

在绘制二维云图时，由于每个频谱图中的峰值频率都是管片厚度对应的频率，因此不能直接采用峰值频率的大小来成像。根据前文提到的试验结果发现，将每一个频谱图的幅值利用峰值频率的幅值归一化之后（即管片厚度对应频率的幅值均为 1），此时观察整体厚度对应频率的幅值变换，在缺陷处其幅值较小，而在无缺陷处其幅值较大，因此可以利用频率幅值之比成像。

首先选取整体厚度对应频率的幅值与管片厚度对应频率的幅值的比值作为成像指标 RA，RA 的表达式如下：

$$RA = \frac{A(f_1)}{A(f_2)} \tag{6-1}$$

式中：$A(f_1)$为整体厚度对应频率的幅值；$A(f_2)$为管片厚度对应频率的幅值。

采用成像指标 RA 对 $1^{\#}$ 区域的检测区域进行成像，如图 6-27 所示，云图的原点对应检测区域的左下角，云图尺寸为 100 cm×24 cm，与检测区域尺寸一致，云图的颜色代表 RA 值的大小，基于此可以从云图中看出缺陷的位置及尺寸。

根据前文研究，在带注浆层管片试件的无缺陷位置，整体厚度对应频率的幅值相对较大，计算得到的 RA 值基本都大于 0.6，而在有缺陷位置，整体厚度对应频率的幅值相对较小，计算得到的 RA 值基本都在 0.5 附近。观察图 6-27 可以发现，云图颜色对应的范围在 0.4～0.9，在缺陷位置对应的值在 0.5 附近，

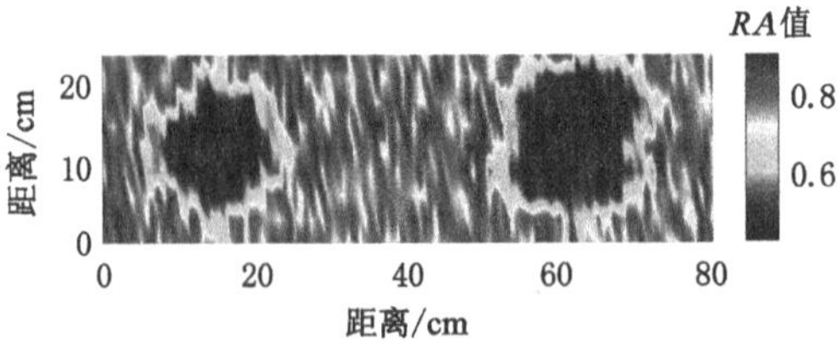

图 6-27　1# 区域的检测区域成像一

而在无缺陷位置对应的值在 0.8 附近，两种颜色很好地区分出了管片和注浆层界面的缺陷与完好区域。考虑到通常情况下亮色非常突出，用来表示缺陷位置比较合适，因此对成像指标进行换算，求其倒数，并通过倒数的最大值进行归一化处理，得到新的成像指标 *RRA*，*RRA* 的表达式如下：

$$RRA = \frac{1/RA}{\max(1/RA)} = \frac{A(f_2)}{A(f_1)} \cdot \min\left[\frac{A(f_1)}{A(f_2)}\right] \tag{6-2}$$

式中，*RA* 的值为 0～1。

根据成像指标 *RRA* 重新对 1# 区域的检测区域成像，如图 6-28 所示。

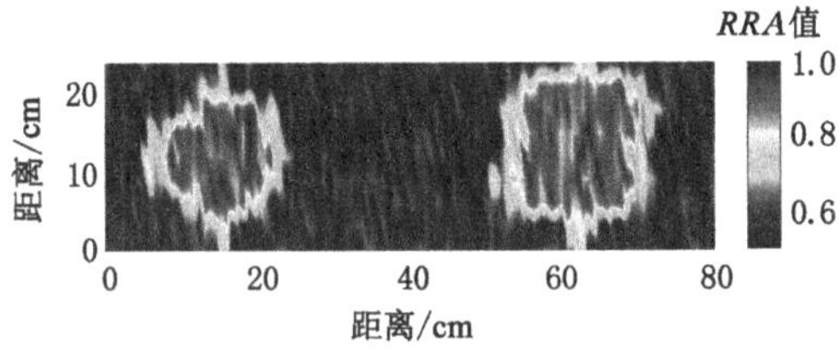

图 6-28　1# 区域的检测区域成像二

此时，云图颜色对应的范围为 0.5～1，已经能非常直观地区分出试件的无缺陷部位和有缺陷部位，接下来将 6 个检测区域拼成一个云图，如图 6-29 所示，云图的原点对应管片凹面表面的左下角，其中未检测区域的值设定为 0.5。

在云图中标记出缺陷的位置，如图 6-30 所示。

观察图 6-29，在未检测区域处对应的值为 0.5；在无缺陷位置对应的值在 0.6 附近；而在有缺陷位置对应的值在 0.9 附近，两种颜色很好地区分出了管片与注浆层界面的缺陷与完好区域。

观察图 6-30 中缺陷与无缺陷区域的交界处，由于部分测线的位置对应缺陷的边缘，可能由于浇筑注浆层时将缺陷边缘挤压变形，导致检测得到的信号数

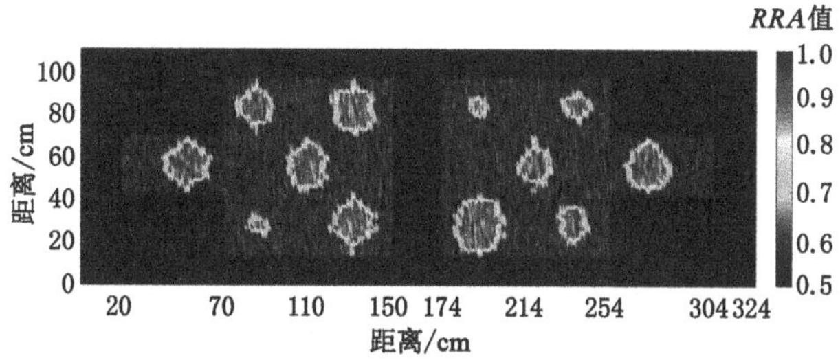

图 6-29　6 个区域的检测成像云图

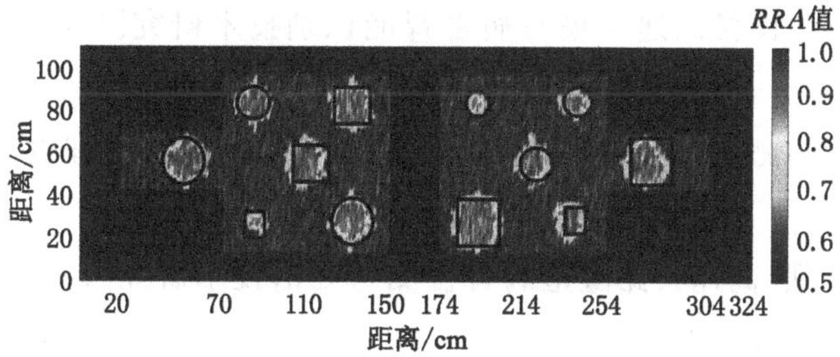

图 6-30　冲击回波法检测结果

据发生异常，因此成像的云图在交界处变化较大，但缺陷部位的成像与实际形状基本对应。

6.3　本章小结

（1）制作了全尺寸的带注浆层管片试件，并预制多个缺陷，通过试验得到冲击回波信号在试件中传播的响应特性，检测结果与实际情况基本吻合。这表明空气耦合冲击回波可以用于评估衬砌壁后的缺陷，且准确性较高。

（2）研发了基于空气耦合冲击回波的旋转敲击检测装置，实现连续敲击并采集信号的功能，不仅减少了检测过程中的人力、物力投入，而且通过增加敲击密度的方式提高了检测的分辨率，实现了基于空气耦合冲击回波法的衬砌壁后缺陷快速检测。通过确定出缺陷的大致位置，使用旋转敲击检测装置对缺陷所在区域进行检测，融合损伤指标并成像，检测结果准确性较高。

参考文献

[1] 刘海京，夏才初，朱合华，等．隧道病害研究现状与进展[J]．地下空间与工程学报，2007，3(5)：947-953.

[2] 刘胜智．隧道图像高速采集与病害智能识别技术研究[D]．北京：北京交通大学，2021.

[3] 孟令刚．隧道施工监控量测及无损检测技术[J]．运输经理世界，2023(11)：89-91.

[4] 杨春平，胡强．高速公路隧道病害检测与处治技术研究[J]．现代隧道技术，2021，58(4)：237-245.

[5] 李文博．公路隧道无损检测技术与病害处理方法分析[J]．交通科技与管理，2024(7)：79-81.

[6] 陶学红，赵少鹏，刘军．无损检测技术在运营地铁隧道结构病害检测中的应用[J]．地基处理，2023，5(增刊1)：126-130.

[7] 李铁根，邓媛媛．隧道工程无损检测技术理论与方法研究[J]．大众标准化，2023(11)：154-156.

[8] 李海，柴子贺．基于地质雷达法的隧道衬砌背后脱空定量解释研究[J]．铁道勘察，2024，50(3)：96-102.

[9] 吴海，郑航飞．地质雷达勘探方法在隧道地质超前预报中的应用[J]．四川水泥，2024(2)：242-244，248.

[10] 胡晓．地质雷达法与冲击回波法在铁路隧道衬砌质量检测中的综合运用[J]．现代隧道技术，2023，60(增刊1)：187-191.

[11] 胡改军．无损检测技术在隧道工程质量检测中的应用[J]．工程技术研究，2023，8(24)：53-55.

[12] 杨海林．FFT 和 MEM 在冲击回波法识别混凝土缺陷尺寸中的对比研究

[J]. 工业技术与职业教育,2024,22(1):12-17.

[13] LIN J M, SANSALONE M. The transverse elastic impact response of thick hollow cylinders[J]. Journal of nondestructive evaluation, 1993, 12(2):139-149.

[14] Standard test method for measuring the P-wave speed and the thickness of concrete plates using the impact-echo method: ASTM C1383-98[S]. ASTM International, 1998.

[15] SCHOEFS F, ABRAHAM O, POPOVICS J S. Quantitative evaluation of contactless impact echo for non-destructive assessment of void detection within tendon ducts[J]. Construction and building materials, 2012, 37: 885-892.

[16] HILL M, MCHUGH J, TURNER J D. Cross-sectional modes in impact-echo testing of concrete structures[J]. Journal of structural engineering, 2000, 126(2):228-234.

[17] GIBSON A, POPOVICS J S. Lamb wave basis for impact-echo method analysis[J]. Journal of engineering mechanics, 2005, 131(4):438-443.

[18] MEDINA R, GARRIDO M. Improving impact-echo method by using cross-spectral density[J]. Journal of sound and vibration, 2007, 304(3/4/5):769-778.

[19] WANG J J, CHANG T P, CHEN B T, et al. Evaluation of resonant frequencies of solid circular rods withImpact-echo method[J]. Journal of nondestructive evaluation, 2010, 29(2):111-121.

[20] GUCUNSKI N, YAN M, WANG Z, et al. Rapid bridge deck condition assessment using three-dimensional visualization of impact echo data[J]. Journal of infrastructure systems, 2012, 18(1):12-24.

[21] OH T K, PARK J I, BYUN Y, et al. A study on the influence factors on flexural and thickness modes in the impact-echo test[J]. Journal of the computational structural engineering institute of Korea, 2015, 28(6):659-666.

[22] KASHIF UR REHMAN S, IBRAHIM Z, ALI MEMON S, et al. Nondestructive test methods for concrete bridges: a review[J]. Construction

and building materials,2016,107:58-86.

[23] MAZZEO B A,GUTHRIE W S. Algorithms for highway-speed acoustic impact-echo evaluation of concrete bridge decks[C]//44th Annual Review of Progress in Quantitative Nondestructive Evaluation,QNDE 2017. Provo,2018:030010.

[24] AN J,SUH B. A study of structural safety diagnosis using frequency domain analysis of impact-echo method[J].Tunnel and underground space,2004,14(1):35-42.

[25] AGGELIS D G,SHIOTANI T,KASAI K. Evaluation of grouting in tunnel lining using impact-echo[J].Tunnelling and underground space technology,2008,23(6):629-637.

[26] 周履.利用冲击回波评估力筋管道[J].国外桥梁,1998,26(1):37-40.

[27] 苏航,林维正.冲击回波检测方法及其在土木工程中的应用[J].无损检测,2003,25(2):81-83.

[28] 傅翔,宋人心,王五平,等.冲击回波法检测预应力预留孔灌浆质量[J].施工技术,2003,32(11):37-38.

[29] 艾春安,李剑.兰姆波频率方程的数值解法[J].无损检测,2005,27(6):294-296.

[30] 黄建新.冲击回波法在混凝土结构无损检测中的应用[D].南京:河海大学,2006.

[31] 曲华,宁建国,李学慧.利用瑞利波频谱分析法无损检测混凝土结构[J].混凝土,2006(2):76-80.

[32] 陈祥森.混凝土缺陷无损检测技术发展现状综述[J].福建建材,2007(2):36-37.

[33] 姚华,黄福伟,唐钰升.扫描式冲击回波法检测预应力管道灌浆质量的模型试验研究[J].公路交通技术,2009,25(1):50-52,61.

[34] 杨永波.空心圆柱结构及板型结构中的导波检测理论研究[D].武汉:武汉岩土力学研究所,2009.

[35] 刘恩才,刘兆龙,曹磊.冲击回波法在混凝土路面质量检测中的应用[J].山西建筑,2012,38(10):158-159.

[36] 喻波,欧宁,鲁光银,等.混凝土桥梁金属波纹管注浆质量声波检测法探讨[J].公路工程,2012,37(2):1-3,7.

[37] 张仪.基于 LabVIEW 的混凝土无损检测系统研究[D].重庆:重庆大学,2012.

[38] 杨智,张今阳,孔楠楠.冲击回波法检测混凝土内部缺陷[J].中国建材科技,2013,22(4):3-5.

[39] 刘可,姚菲.冲击回波法识别地铁盾构隧道注浆缺陷的有限元模拟研究[J].江苏建筑,2013(6):32-35.

[40] 刘洋希.基于冲击回波法的预应力管道压浆质量检测[D].长沙:湖南大学,2013.

[41] 刘思洋.基于扭转与弯曲模态导波的钢管混凝土缺陷检测方法[D].哈尔滨:哈尔滨工业大学,2013.

[42] 邹士军,赵月桂,裴颖新.京杭运河混凝土船闸裂缝无损检测研究及应用[J].山东工业技术,2014(9):88-89.

[43] 孔楠楠,杨智,张今阳.基于冲击回波理论的混凝土裂缝深度测试试验研究[J].水利水电技术,2014,45(11):121-124.

[44] 陈芳平.预应力孔道灌浆质量无损检测与快速评价技术研究[D].重庆:重庆交通大学,2014.

[45] 陈常明.大跨度连续刚构桥检测评估与加固处治技术研究[D].北京:清华大学,2014.

[46] 熊尽柯,郭亮.基于冲击回波法对混凝土预制箱梁梁板厚度及缺陷检测技术的应用[J].江西建材,2015(12):278-282.

[47]朱绍华.冲击回波法对钢桥面铺装层质量的检测[J].无损检测,2015,37(4):66-68.

[48] 刘传雄,雍洪宝.无损检测在土木工程中的应用[J].淮阴工学院学报,2014,23(5):53-57,62.

[49] 焦严令,韩晓健,何文俊.冲击回波法混凝土缺陷检测的数值模拟[J].江苏建筑,2016(1):44-46,57.

[50] 姜维.基于冲击回波法测试梁板厚度和缺陷研究[D].杭州:浙江工业大学,2016.

[51] 中华人民共和国住房和城乡建设部.冲击回波法检测混凝土缺陷技术规程:JGJ/T 411—2017[S].北京:中国建筑工业出版社,2017.

[52] 黎碧波,齐广志,高华睿.基于冲击回波法的波纹管孔道密实性评估[J].公路与汽运,2018(6):125-130.

[53] 徐磊,渠广镇.冲击回波法在预应力小箱梁管道灌浆质量检测中的应用[J].公路交通科技(应用技术版),2018,14(10):21-23.

[54] 陈伟,渠广镇,李旺新.冲击回波方法在预应力管道定位中的应用[J].公路交通科技(应用技术版),2018,14(10):55-56,105.

[55] 张和.ABAQUS模拟分析预应力孔道灌浆缺陷深度测试[J].工程技术研究,2018,3(10):80-81,83.

[56] 陈飞.沥青铺装层桥面板冲击回波响应特性研究[D].徐州:中国矿业大学,2020.

[57] ZHU J Y. Non-contact NDT of concrete structures using air-coupled sensors[D]. Champaign: University of Illinois at Urbana-Champaign, 2006.

[58] ZHU J Y, POPOVICS J S. Imaging concrete structures using air-coupled impact-echo[J]. Journal of engineering mechanics, 2007, 133(6): 628-640.

[59] KEE S H, GUCUNSKI N, FETRAT F A. Developing an optimal acoustic reflector for air-coupled impact-echo sensor[C]//Nondestructive Characterization for Composite Materials, Aerospace Engineering, Civil Infrastructure, and Homeland Security 2012. San Diego, California. SPIE, 2012: 834706.

[60] SHIN S W, POPOVICS J S, OH T. Cost effective air-coupled impact-echo sensing for rapid detection of delamination damage in concrete structures [J]. Advances in structural engineering, 2012, 15(6): 887-895.

[61] KEE S H, OH T, POPOVICS J S, et al. Nondestructive bridge deck testing with air-coupled impact-echo and infrared thermography [J]. Journal of bridge engineering, 2012, 17(6): 928-939.

[62] DAI X W, ZHU J Y, HABERMAN M R. A focused electric spark source for non-contact stress wave excitation in solids[J]. The Journal of the Acoustical Society of America, 2013, 134(6): 513-519.

[63] OH T, KEE S H, ARNDT R W, ct al. Comparison of NDT methods for

assessment of a concrete bridge deck[J]. Journal of engineering mechanics, 2013,139(3):305-314.

[64] OH T, POPOVICS J S. Practical visualization of local vibration data collected over large concrete elements[J]. Computer-aided civil and infrastructure engineering,2015,30(1):68-81.

[65] MAZZEO B A,PATIL A N,HURD R C,et al. Air-coupled impact-echo delamination detection in concrete using spheres of ice for excitation[J]. Journal of nondestructive evaluation,2014,33(3):317-326.

[66] HAM S,POPOVICS J S. Application of micro-electro-mechanical sensors contactless NDT of concrete structures[J]. Sensors,2015,15(4):9078-9096.

[67] EPP T,CHA Y J. Air-coupled impact-echo damage detection in reinforced concrete using wavelet transforms[J]. Smart materials and structures, 2017,26(2):025018.

[68] 严鹏南. 曲面板空气耦合冲击回波响应特性研究[D]. 徐州:中国矿业大学,2019.

[69] SCHERR J F,GROSSE C U.Delamination detection on a concrete bridge deck using impact echo scanning[J]. Structural concrete, 2021, 22(2): 806-812.

[70] HONG J, KIM D, PARK J, et al. Development of moving impact-echo system using air-coupled sensing[J]. Journal of the Korean society for nondestructive testing,2022,42(1):51-59.

[71] 吴佳晔. 土木工程检测与测试[M]. 北京:高等教育出版社,2015.

[72] 卢江波. 预应力孔道注浆质量分析与无损检测方法研究[D]. 长沙:湖南大学,2016.

[73] 邹春江,陈征宙,董平,等. 箱梁中冲击回波主频影响因素研究及应用[J]. 振动与冲击,2010,29(7):126-131.

[74] 罗斯. 固体中的超声波[M]. 何存富,等译. 北京:科学出版社,2004.

[75] HOLLAND S D, CHIMENTI D E. Air-coupled acoustic imaging with zero-group-velocity Lamb modes[J]. Applied physics letters, 2003, 83(13):2704-2706.

[76] Standard test method for measuring the P-wave speed and the thickness of concrete plates using the impact-echo method: ASTM C1383-04[S]. ASTM International, 2004.

[77] TSAI Y T, ZHU J Y. Simulation and experiments of airborne zero-group-velocity lamb waves in concrete plate[J]. Journal of nondestructive evaluation, 2012, 31(4): 373-382.

[78] ZELINSKI R. A microphone array with adaptive post-filtering for noise reduction in reverberant rooms[C]//ICASSP-88., International Conference on Acoustics, Speech, and Signal Processing. New York, NY, USA. IEEE, 1988: 2578-2581.

[79] 吴卫鹏. 基于改进谱减的语音增强算法研究[D]. 南京：南京邮电大学，2019.

[80] 中华人民共和国交通运输部. 公路隧道施工技术规范：JTG F60—2009[S]. 北京：人民交通出版社，2009.

[81] 中华人民共和国建设部. 混凝土结构设计规范：GB 50010—2002[S]. 北京：中国建筑工业出版社，2004.

[82] 陕西省住房和城乡建设厅，陕西省质量技术监督局. 地铁盾构隧道预制管片施工及验收标准：DBJ61/T 47—2014[S]. [出版地不详：出版者不详]，2014.